· 文脉中国散文库

兰谷茶韵

尤炎辉 / 主编

中国文联出版社

图书在版编目（CIP）数据

兰谷茶韵 / 尤炎辉主编 . -- 北京：中国文联出版社，2018.7（2023.3 重印）

ISBN 978 - 7 - 5190 - 3848 - 9

Ⅰ. ①兰… Ⅱ. ①尤… Ⅲ. ①散文集—中国—当代 Ⅳ. ①I267

中国版本图书馆 CIP 数据核字（2018）第 186542 号

主　　编　尤炎辉
责任编辑　袁　靖
责任校对　李佳莹
装帧设计　中联华文

出版发行　中国文联出版社有限公司
地　　址　北京市朝阳区农展馆南里 10 号　　　邮编　100125
电　　话　010 - 85923025（发行部）　　　85923091（总编室）
经　　销　全国新华书店等
印　　刷　三河市华东印刷有限公司

开　　本　710 毫米×1000 毫米　　1/16
印　　张　12.5
字　　数　170 千字
版　　次　2023 年 3 月第 1 版第 2 次印刷
定　　价　68.00 元

目　录

山地茶香

◎何 也

一

据说在 17 世纪末的伦敦街头，走进咖啡店时你很可能会以为自己走错了地方，因为在里头往往张贴着一张关于茶之药效的海报：中国茶叶，可医头痛、失眠、胆结石、倦怠、胃病、食欲不振、健忘症、坏血病、肺炎、腹泻、感冒等，还能增强体力……当然这也并非完全是英国人的误解或杜撰，因为茶在我国历史上的确曾经作为一味药材使用，甚至用于祭品或菜食，后因偶然发现茶叶的解乏提神功能，其才作为饮料的角色进入大众的视野。

历史上中国有三种商品征服了世界各地，它们是丝绸、瓷器和茶叶。身着丝绸，手执瓷杯品茗，成了很长一个历史时期各国贵族最高雅最摆阔的一种时尚。当时的中国也因之成了令人神往的国度。时至今日，每当想起"海上丝绸之路"的通商口岸泉州港、漳州月港当年的盛况，想起由这三种商品引导的声势浩大、延绵不绝的商贸往来时，仍让人有荡气回肠的感觉。

拥有地理和区位优势的南靖，自然成了"海上丝绸之路"贸易的重要生产基地。比如生产瓷器的东溪窑，还有生产乌龙茶的广阔山地。

可以说，自古至今福建都是产茶大省，而南靖则是福建十大产茶县之一。

据茶叶专家介绍，早在隋末唐初，南靖先民就有采制饮用野生茶的习俗。到了明万历年间，南坑村便开始成片种植茶叶；清光绪年间，奎洋镇上洋合福坑茶场已初具规模；明清两代，两地生产的茶叶还作为贡品进贡朝廷。中华人民共和国成立至改革开放初期，南靖是福建乌龙茶出口的重要原料基地，对国家茶叶出口的创汇做出重要的贡献。

南靖是福建首批国家级生态县，生态环境条件优越，丘陵山地面积广阔，境内拥有一个面积3万亩的国家级自然保护区，有"树海""竹洋"之誉。南靖还盛产兰花，所以南靖县产出的茶叶有"兰谷茶香"的韵味。

山高雾多茶香。四季分明的南靖山地日照充足、雨量丰沛，是典型的南亚热带季风气候。在这里既可以冬无严寒、夏无酷暑，又能四季分明，因为南靖的茶园主要分布在海拔400—1000米的深山密林中，常年云雾缭绕，昼夜温差大，有机质和微量矿物质含量丰富，是生产生态茶的优势地区。

专家的介绍让我们对南靖茶叶有了进一步的了解。近年来南靖当地把茶叶作为农业主导产业，出台优惠政策，大力建设生态茶园，大力发展放养式原生态茶叶。现全县已有茶园面积12万亩，规模茶企业58家。多家茶叶企业通过SC认证，拥有知名商标、著名商标、地理标志证明商标，茶园通过无公害基地认证、绿色食品基地认证、有机认证，从事茶叶生产的农业人口近8万人，茶产业已成为南靖县农村重要特色优势产业，在各种茶叶评比中屡获大奖，而跃升为闽南乌龙茶第二生产大县。

三

有机和生态，是各地农产品的介绍中会经常出现的字眼；"放养式原

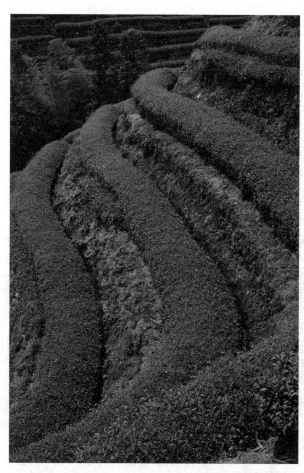

生态茶叶"，在笔者有限的认知里却是第一次听到。来到南靖山地，你会看到花园杂草丛生，或错落栽种花树，以此收到不用喷洒农药、还生态以平衡的功效。在南靖，茶农提倡用有机肥代替化肥，以物理＋生物防治取代原来的化学防治，逐步建立农事档案及追溯系统，以此确保茶产品的安全及提高茶产品的品质。

南靖是世界文化遗产福建土楼的故里，独特的土楼茶文化将南靖茶叶与世遗土楼有机融合，数以万计的土楼游客在体验神秘土楼的同时，也将南靖茶叶和土楼茶文化传播到世界各地。在全省各地都在大力发展茶产业的时候，南靖茶产业突破重围，把茶产业和旅游结合在一起，全力打造"南靖土楼高山生态茶"。这无疑是强强联手、免费做广告宣传、就地营销的策略，不用说也是优势之一。当你来到南靖县书洋镇枫林村的"情人山"上，在蓝天白云下万亩茶园纤尘不染，满山头柔美的苍翠映入眼帘，给游客一派无比清纯和诗意的心境。枫林村的"情人山"，是融茶园休闲观光、采摘品茗、垂钓娱乐等为一体的户外活动大观园，除了产茶，每年还接待游客上万人次。

　　南靖紫云山土楼生态综合茶园在书洋镇下版村，距县城 50 公里，位于南靖县与永定区的交界处。这里山脉连绵，起伏跌宕，终年云遮雾罩，紫气盈空。在紫云山上海拔近千米处，游客站在近千亩的生态茶园里或绿意氤氲的高山草甸上，体味清风爽朗的昏晓异趣，目染人迹罕至的原始森林，又有千年古寺的佛音可听。更令人神往的是，在这"土楼之巅"，云蒸霞蔚，每当旭日东升，霎时间光芒万丈，宛若置身仙境。

<h2 style="text-align:center">三</h2>

云水谣溪回山合
倒映老榕，潺潺清响
四时岚气澄碧
山地里的轻风疏影，古村落的歌谣
不自觉脚步放轻
让你走进梦里的故乡

鹅卵石垒砌的古栈道
沿途店铺如今又鞋了红灯笼
孤拙老宅的青砖黛瓦与画栋雕梁
岁月水车就在木屋旁流转
溪畔的一座座土楼
其行藏堪比城堡，其温柔却似
云水相交而青芋弥望
任凭神游的那一刻
以她仪态的柔曼
让你走进已为既往的牧歌田园

　　　　　　　　　　　——《云水谣》

去南靖土楼游玩，每一次来到云水谣，视野都会被这样的诗情填满。

如同星罗棋布的土楼一样，翠绿的茶园就隐现在崇山峻岭、沟壑纵横之中，远远望去甚至混同于一片片绵密的绿被里。

蓦然在你的视野里出现一个头戴竹笠、身穿大襟花衫，在嫩绿丛中采摘新茶的女子，相信这时候你的情怀就会被风带上山头，渴望着去唱一支山歌。

在这样的情景中，相信你一定会撞见"土楼红美人"。这款产于福建南靖土楼地区的"土楼红美人"，是高海拔山区的一种高山茶，是当地客家人创造的茶品种类。由于采用特殊的加工技艺，做出茶索肥壮、紧结圆直，沏后汤色艳红，经久耐泡，油然间似蒸腾一股幽幽的兰香而让人称赞不已。

祁红、滇红、坦洋工夫红茶、正山小种、台湾的东方美人、日月潭红茶、印度大吉岭红茶、锡兰红茶，甚至立顿红茶的茶包……如果茶农是一个女子，她对优美明艳的红茶喜爱至极，痴迷每一次喝红茶的感觉，没多久风姿雅韵、具备天然美质的"土楼红美人"便在工夫茶的翠绿丛中诞生了。

四

从天岭山脉延伸出来的书洋镇储坑村，和云水谣只有一道山岭之隔，堪称云水谣景区的后花园。这里有原始森林和一处处的瀑布；有精巧的土楼

群，更有老树绿傍人居。最重要的是，此地只有几百人口，却有三千多亩茶园。游客登上村后山俯视茶园与村庄，入眼处自是那满山满岭的茶树，烟波似的绿意荡涤人的心肺，让人沉醉其间。

同样位于大山深处的葛竹，是南靖县南坑镇的一个自然村。春末夏初，你来到盛产中药材枳实的葛竹，但见枳实树上花朵开满枝头，白色花瓣随风飘落，真个香雪一地。鸟语花香中流连于小桥流水、古屋残墙，可以在这里领会民风淳朴的古村落风貌。离葛竹村不远处是九龙江西溪的源头之一，清澈的泉流涓涓不息注入九龙江。更有几个山头的泓净生态观光茶园，游客登上观景台，俯瞰漫山遍野的万亩生态茶园，心头自是一片片青葱。有人为这里拟联"西溪源头香雪海，健康生态环保游"，可算是说到点子上了。这里也是南靖县高竹金观音茶叶专业合作社的所在地。被誉为茶中新星的土楼高竹"金观音"，是改革开放后中国农业科研人员以铁观音为母本、黄金桂为父本，采用杂交育种法育成的无性系新良种。用金观音制作的乌龙茶，因外形色泽砂绿，乌润重实，香气馥郁绵长，品质优异而受到消费者的欢迎。

南靖茶叶之形质各有千秋，有不尽述之处，但全力打造的都是"南靖土楼高山生态茶"。

五

在研究近代中国经济史的日本东京大学博士陈慈玉看来，"饮茶文化是东方精神文化的象征"，因为在中国人眼里，喝茶代表"崇尚自然，幽趣的精神内涵"。来到南靖，喝上这里的茶，你就自然理解了这位学者的观点。

泡茶饮茶可以忘忧解劳、陶冶性情，称得上是我国的国饮。甘而洁、活而鲜的山泉，配上精美的茶具，泡上一壶优质的工夫茶，垂睫品茗，在唇齿间咂摸茶香的韵味，体会山水风情的回甘，淡定无碍的境界由此而生。可以说上至士大夫下至平民百姓的这种追寻，来到南靖你就可以得到。

6

离天近了，境界果然高人一筹

◎马 乔

　　在丁酉年戊申月庚午日之前，我没想到我会有机会到南靖县葛竹村搞文学采风，尤其是我退休移居省城之后。此前我住在与南靖相邻的平和县几十年，都没有机缘造访，更何况今天我居住的福州距离南靖有 300 多公里之遥。人生在世，与人与物皆要有缘才能相会，这是古人传下的话。我今天的际遇，岂不是再一次印证了先人们智慧的发达？

　　让我更为始料不及的还有，在葛竹行政村高竹点的泓净生态茶园观景台上，我把双臂举过头顶时，竟有肌肤与浮云摩擦带来的战栗袭上心头。此时此刻，我才发现自己所立的位置，离天竟然很近很近，近到我似乎可以看到天上人间的瑶池与琼台，近到霞光能够轻而易举地把我化成一棵云彩树！

　　眼前的感觉和情景，让一段原本隐匿于我脑海深处的记忆突然浮了上来：那是我还在部队当新兵时，我的排长长得像浓缩的埃菲尔铁塔似的，一米九多的个头，国字脸，六胸肌凸显……这样的块头与体格让我好不羡慕！美中不足的是他的肤色，颇有些被非洲黑人入侵的味道。待彼此熟悉后，我对他说："排长，你什么都好，就是非洲了点儿，像他们那儿的人似的。"排长听了我的话后，不但没恼，反而先"嘿嘿"一笑，继而迸出一句让我大为意外的话："没办法，爹妈播种时基肥下得太足，硬把我的个头催生得离天太近。这不！太阳总先照到我，再照到你们这种身高的人，阳光中的紫外线都让我替你们给挡住了。久而久之，太阳中的黑子就把我折腾成一个非裔人士了！"

当时，我没觉察到排长话里的幽默，只觉得他说得不无道理。这个如同微信段子一般的往事，我很快就忘了。如若不是今天我把双臂举过头顶，手臂有云来攀缘，肌肤与浮云摩擦，有一股战栗如电击一般袭上心头，这段沉寂已久的记忆还不知有没有复活的可能呢？那位排长的话，此时此刻我仍然觉得在理。不是自古以来就有"天塌下来有高个子顶着"的俚语流传吗？既然大个可以顶天，那人长得高大或人假山峰的高程立于半空，离天近就是一种必然。你再看看眼前见首不见尾的葛竹茶山，一个个欲与天公试比高的样子，你还会怀疑离天近了，一切都与众不同吗？！

放眼葛竹周边的万亩有机茶生产基地，怎能仅仅将之视为茶园呢？扑进人们眼帘的分明是令人挪不开脚步的园林呀！高低错落的梯田里，一层层翡翠般的茶畦被修剪得整整齐齐；一座座山头，犹如一个章法独运的盆景，辐射着强劲的目光冲击力。仔细辨识过后，我看到的茶树芽梢颜色也浑然不像他处茶园里的尽是鹅黄和嫩绿，这里的茶园色彩，除了绿油油之外，仿佛还有蔚蓝飘逸其中。加上不时有流云与山岚在茶园里流连忘返，把原本由嫩绿统治的世界衬托得老到而不老态，渲染得无比赏心悦目。茶园里有蓝天的影子，那影子身段非凡，果然让这些茶山的境界出落得高人一筹，甚至显得出类拔萃、非同凡响。

茶是上帝的精灵，她的下凡是带着上帝托付的使命的。因为携着蓝天的基因，所以她们在寻找落脚之处时，总也忘不了以离天近些再近些为第一原则。离天近处，只有高山了。高山通常土层欠厚，干旱时常，冷暖难匀，但高山上的空气总是清新的，高山上的阳光总是温暖的，尤其是高山上常有云雾流连，那些云雾可都是巡天的仙人哦！多与上天元素相处，茶才能把上天的味道留住！那些上天的味道叫天真、天香，也叫天醇。

葛竹茶园境界里有一种天界才有的澄碧和高远，还体现在这里的"后生家"与妇道人家让我怀有强烈的敬畏感。就说上文中提到的那个泓净茶叶合作社的几位"少庄主"吧。为首的叫王静辉，2014 年从莆田学院毕业后，王静辉谢绝了大城市的高薪诱惑，与同学和家乡的发小陈淑丹、王淼晶、林煌等人在老家的山坳里，发起成立了南靖泓净茶叶专业合作社，专做地道家乡茶生意。这几名"后生家"绝对属于南靖茶业界的插队者。除了他们的身上几乎都还遗留着乳香外，还有一个原因是他们原来虽对父辈的种茶制茶有过耳濡目染的经历，但都没有亲自操持过种茶、做茶与卖茶。但令业界料想不到的是，这几名"后生家"个个都像半路杀出的程咬金，除有"三板斧"的看家本领外，还具有徐懋功的谋略和秦叔宝的人缘，很快凭借一股敢打敢拼的闽南人精神，搅皱了南靖茶界的一汪春水。

他们的与众不同之一就是对历史上的葛竹茶与当地茶叶市场的需求，有一种一步到位的洞察与理解。他们认定葛竹茶的传统种植模式和营销方式

已经过时。例如，只会靠天吃饭，只会坐等商家上门收购茶叶，却又梦想能让葛竹产的茶叶供不应求，卖出好价钱；再如不明了当今食品安全问题，已引起全民族的焦虑。许多老茶客一边说着"喝茶等于二次污染肠胃（一次污染指饮用水污染），人不喝水不行，人不喝茶可以。为拒绝二次污染，我要与茶说再见"，一边收起以前每日必用的工夫茶具。如何"重建人与食物（包括茶）的信任关系"已成了涉茶群体的头等大事和当务之急。于是，这几位"后生家"对症下药，从抓葛竹茶的质量安全入手，布局葛竹茶攀登蓝天境界战役。企业字号中的"泓净"，恰恰是他们追求蓝天境界核心理念的注解。

他们的"辽沈战役"是通过众筹，创办茶产区的科普阅览室，从抓理念的"破"与"立"入手，寻求破茧化蝶，引导家乡的茶农选择良种、减少施用化肥、注意物理防治病虫害，注重安全生产，以此建立起标准化生态制茶机制，进而以这一机制生产出质量让人放心的好茶。他们把"泓净茶园"打造成示范基地，引导全合作社的成员，照此模仿。作者漫步于他们的示范基地，发现了一个细节：偌大的茶园里，见不到一个农药瓶或者化肥包装袋，频频撞入眼帘的倒是一个又一个粘害虫的专用纸板。最让我感慨的是一块块写着"请勿乱丢垃圾"的劝导牌恪守在自己的岗位上。坦率地说，这样的劝导牌如若出现在城镇生活区，我早已见多不怪了！此时此际，它却出现在荒山野岭，这不正可表征茶园主人的匠心独运与境界高远吗？！

王静辉和他的伙伴们的"平津战役"是从"悦农庄"学来的，名为"用社群改造葛竹茶传统产销模式"。战术是以生产好茶卖好茶为磁铁，吸来一批具有相同价值观的专业合作社成员，形成社群，继而用消费端支持生产端，最终实现葛竹茶叶产销模式的变革。这个"平津战役"还在进行中，令王静辉和他的"后生家"伙伴们感觉信心满满的是：泓净茶叶合作社如今已有合作社员近百名；在离天很近的高港、葛竹、金竹三个自然村，拥有生态有机茶园近 5000 亩；已经累计获得了超过千万元的投资。

据王静辉介绍，"泓净茶叶合作社"还有"淮海战役"要打。战役设

——离天近了，境界果然高人一筹

想要达成的态势为：对葛竹茶产生链进行再整合，建设茶创空间。将"泓净"打造成融茶叶生产、接待、展示、餐饮、茶食品开发、茶产品深加工、产学研基地（与科研院校合作）为一体，打造葛竹茶产业标杆，构建起葛竹茶、南靖茶产业的"共享"服务平台……

都说后生可畏，王静辉和他的伙伴们正是一个令人生畏的团队！姑且不去预测他们的"众筹＋社群＋旅游＋个性化定制"的茶产业新经营模式最终能否遂心如意，仅凭他们的志向、敏锐、敢闯、敢为和脚踏实地地探索前行，他们就值得嘉许，值得钦佩。

离天近了，连历来被斥为"头发长见识短"的妇道人家，也别有一种风貌呈现。在葛竹大山里，我邂逅了一位名为赖玉春的女子，堪为葛竹新女性的蓝天境界代表。

这位巾帼，原来是一名小学老师。2000年担任过茶场场长，后来受被闽南茶叶界尊称为"老艺仙"的父亲赖甲乙的影响，告别三尺教案转行以茶为业。组建"南靖县高竹金观音茶叶专业合作社"和"漳州市高竹茶叶有限公司"，之后凭借父亲秘授的茶技和自己的探索，亮出"土楼金观音"的品牌闯

天下。

　　赖玉春与王静辉等人在茶道上拼搏的不同之处，在于她注重现代营销的同时，也倚重对传统茶文化的挖掘，以此印证能够留传数百年的作物品种必然优秀，进而刺激顾客的消费欲望。例如，赖玉春每每口若悬河向客户介绍的总是葛竹茶种植历史的悠久。动辄引经据典，用志书记载的史料，论证葛竹茶早在清朝雍正十年(1732)就小有规模了。每次介绍南靖的茶文化时，必提其祖先赖翰颙，说1751年，乾隆皇帝第一次游江南，因思念已告老还乡的翰林赖翰颙，遂下旨召见。赖翰颙在觐见皇上时，献上葛竹茶让皇上品赏。乾隆皇帝品饮之后不禁龙颜大悦，还降诏每年须进贡内苑。

　　除重视用茶文化为"土楼金观音"增添历史韵味以外，赖玉春还有一

离天近了，境界果然高人一筹

13

个驾轻就熟的看家本领：走上层路线。初识赖玉春那天，她得知我在部队里待过，便问我："认识王健不？"我说："岂止认识，我们还是军校同班同学呢！"为了证明我没瞎编，我列举了王健在部队的履历，并说本轮军改前，他在北京军区担任中将副政委。赖玉春听我说得不谬，接过我的话说："他现在兼任中国革命老区建设促进会会长。"言毕，拿起手机往王健办公室拨电话。很快，电话那头传来王健秘书的声音："首长在开会，有事和我讲。"

其实，赖玉春交往的上层又岂止到中将这一级别的大人物？连"毛泽东主席""周恩来总理"和"朱德元帅"她都请得动。2017 年 4 月 20 日上午，赖玉春就借南靖老区人民纪念漳州战役胜利 85 周年在南靖县举行之机，让"毛主席""朱委员长""周总理"都来葛竹参加福建金观音合作社春茶开采仪式。见到由特型演员姚建文扮演的"毛泽东主席"，徐苏一扮演的"周恩来总理"，陶贤锋扮演的"朱德元帅"共同来葛竹给"土楼金观音"助威扬名，现场高潮迭起，"土楼金观音"也声名远扬！懂得"好风凭借力，送我上青云"，是赖玉春驾驭市场的一个秘诀。

自然了，赖玉春与高层交往，不为图个一官半职，而是希冀借助高层居高临下的推荐，使她的"土楼金观音"在市场上更加知名，更有美誉度。赖玉春所采用的营销手段说明她深谙：在中国，自下而上的拓展总不如自上而下的推广来得容易，而且易收事半功倍之效。仅此一点，就让我对这名深山"妇道人家"，产生了常年生活在近天之处，眼界果然出类拔萃的感慨！

在"空中茶吧"吃茶

◎于燕青

　　刚过立秋，这闽南的天还未有秋高气爽之意，夏天的势力还不肯善罢甘休，酷热依然，尤其城市里钢筋水泥下的酷热让人昏昏沉沉，于是，去南靖紫云山品茶，像是一个及时的拯救。俗话说："开门七件事，柴米油盐酱醋茶。"茶被排在七件事的最末，可见在温饱这个最基础的生活线上，茶是可有可无的，也是最奢侈的。不吃饭不行，不喝茶可以。一旦生活超越温饱，饮茶又是人们生活里不可或缺的一件事，然而，七件事里，也只有饮茶这一件事最能上升到文化的层面，甚至有"无茶不文人"之说。可我这人懵懂，对茶不解风情，很没文化，很粗糙的。我向来羡慕那些会品茶的人，那是些精致主义者，对舌尖上的美味有细腻敏锐的触觉，是有福之人。我虽然也会在读书写作之余，沏上一杯茶，但其中有很大的功利之心，那就是因了喝茶如何有利健康美容养颜之说，几乎是人皆所知，茶叶中含有多元酚类，有很

好的抗氧化作用。根据流行病学统计发现，喝茶得癌症概率较完全不喝茶者低很多。儿子常敦促我喝绿茶，说我看电脑多，绿茶有防辐射作用。带着功利之心去吃喝，必然会少了许多享受，少了品其真味的惬意，味蕾也变得迟钝。我虽不会品茶，但对于茶道茶文化还是崇尚的，也还略有一些了解。自古描写茶的文章甚多，我一向认为，对于文人，酒与茶算是两大圣物，最能激发才情。

茶兴盛于唐朝，唐代出了著名的茶学家陆羽，甚至被誉为"茶仙""茶圣"，他的《茶经》是全世界最早的茶叶专著。到了宋代，上至皇室贵胄，下至贩夫走卒，茶已经成为日常生活的必需品。宋代文人尚茶风尤盛，饮茶讲究环境，且将琴棋书画融入茶事之中。自唐朝延续而来的"斗茶"更是兴盛。"斗茶"又称为"茗战"，也就是品茗比赛。由于茶叶形状的改变，也让饮茶器皿发生改变，亦不再使用容量大的茶盏、茶碗，改用小巧精致的茶盅、茶杯，尤其可观茶色的白瓷茶盅，备受青睐。茶文化亦是鼎盛，从很多文人著述便可见一斑。到清朝后期，官府设置茶官，控制茶叶贸易，收取茶税，茶叶受到抑制。但慈禧太后自己是要喝茶的，饮茶习惯可谓奇特，茶杯亦是讲究，宫中茗碗以黄金为托，白玉为碗，喜以金银少许入之，宫廷女官德龄所著《御香缥缈录》中多有记载。慈禧临睡前还要喝一杯糖茶，煮茶之水乃为西郊玉泉水。清末民初中医药学者李庆远十分推崇清代学者陆陇其的话："足柴足米，无忧无虑，早完官粮，不惊不辱，不欠人债而起利，不入典当之门庭，只消清茶淡饭，便可延年益寿。"李庆远遵此诀为益寿良箴，不信奉灵药与炼金丹等，据民间野史传说他因此活到256岁，这话我是不相信的，但能肯定他是一位长寿老人，可见茶叶对于延年益寿功不可没。后来看到林语堂有一段喝茶"三泡"之说："严格地论起来，茶在第二泡时为最妙。第一泡譬如一个十二三岁的幼女，第二泡为年龄恰当的十六岁女郎，而第三泡则是少妇了。"林语堂还说过，只要有一把茶壶，中国人到哪儿都是快乐的！捧着一把茶壶，把人生煎熬到最本质的精髓。也只有林语堂这等高人，才能把喝茶写得如此幽默有趣、入木三分。

茶文化里，明人陈眉公的"茶类隐，酒类侠"之说最符合我到南靖茶山品茶一行，有"隐"的意味。陆羽的《茶经》中记载，说陶弘景隐于山林，隐居生活方式之一便是饮茶，因其曾应朝廷之请，议政国事，古时称"山中宰相"。此行高山饮茶也可过一把山中宰相之瘾了吧。南靖紫云山生态茶园坐落在南靖县书洋镇下坂村的紫云山上，群山环抱之中。南靖不仅有举世闻名的土楼，有兰花，还有茶，是闽南乌龙茶传统产地之一。来到南靖县，有一个广告很醒目："品南靖丹桂，赏土楼奇景。"南靖山清水秀，植被茂密丰富，山泉甘冽，气候宜人，属于南亚热带季风气候，雨沛地沃，是种植茶树得天独厚的宝地。早在隋唐时期，南靖就开始采制野生茶，可

谓制茶饮茶历史悠久，到明朝万历年间，南靖已开始小部分种植茶叶，到了清光绪年间，南靖种茶已成规模，并成为宫廷贡品茶。因为南靖的茶种植在土楼的周边，所以很多也以土楼命名，比如"土楼红美人""土楼老茶"等也都是美名远播的。梅林镇梅林村汇全茶园的美女老板，操着字正腔圆的国语介绍她的"土楼红美人"茶，给人留下深刻印象。

车子继续沿一条窄兀的山道盘旋而上，一路上，心里想着关于茶的佳话，眼里是看不厌看不完的青山绵延起伏，车子行至一紫气氤氲处，南靖紫云山土楼生态综合茶园到了。下车，沿一条山洞式的通道进入，穿越来到茶山，

风光旖旎，山风吹来，暑热减半。这里的茶树看上去没有那种规整的美，没有整齐划一，却是高高低低参差不齐，也就是说没有人为的规整与剪修，也没有打农药，完全放养，形同野生，也叫野生茶。所以看上去，茶树叶片没有那么好看，却有着野生的原始清新，这里是生态茶园，是环保茶园，这里的美是纯天然的美。茶园里处处可见一些散种的树，问了才知道，原来是樱花树，所以这里的茶也叫"樱花树下的茶"，据说樱花是一种凋谢时很干脆不污染的花，这也很符合生态茶园的净美。我们去时不是开花的季节，所以我只能想象待到樱花烂漫时的场景。樱花，这带着点"伤感"意象的花，是

日本所谓的武士精神的花，在我的脑海里，樱花也是带着点攻击意味的花。"二战"时的太平洋战争，日本有一种自杀飞机就叫"樱花"，即特殊制造的特攻机，带着炸药与攻击目标同归于尽。可是这种意象的花很适合与茶树栽种，与带着点"静思"意象的茶树种植在一起是好的。茶，这种闲适优雅的植物，是不是可以抑制暴力？春暖花开时，在这里不光是品茶，喝点清酒也是很适宜很诗意的吧。老板是从浙江来的，我一向敬仰浙江人，不但会经商，文化底蕴也很丰厚。一旦经商理念有了文化辅佐，那是很不得了的，所以他把茶园整得很有创意，也是意料中的事。他的"空中茶吧"别致而壮观，长廊式的木建筑坐落山中，里面有古董的桌柜点缀其间，坐着原木桌椅品红茶、喝金观音，凭窗远眺，那层层叠叠的绿铺天盖地地铺开去，一直铺到很远很远的远山，高处的美景总是令人心旷神怡。想起范希文的话："万象森罗中，安知无茶星，余以茶星名馆，每与客茗战，自谓独饮得茶神，两三人得茶趣，七八人乃施茶耳。"我想，在紫云山"空中茶吧"喝上几杯茶的人都能当茶星的。刚到这里因为天热口渴，我先是牛饮，不觉这茶有多好，就想起鲁迅的《喝茶》："……喝好茶，是要用盖碗的，于是用盖碗。果然，泡了之后，色清而味甘，微香而小苦，确是好茶叶。但这是须在静坐无为的时候的……有好茶喝，会喝好茶，是一种'清福'。不过要享这'清福'，首先就需有工夫，其次是练习出来的特别的感觉。由这一极琐屑的经验，我想，假使是一个使用筋力的工人，在喉干欲裂的时候，那么，即使给他龙井芽茶、珠兰窨片，恐怕他喝起来也未必觉得和热水有什么大区别吧。"单从这段精辟的文字看，就可以说鲁迅是深谙茶道的，令我佩服到尘埃里，鲁迅才是茶圣、茶星。也果然像鲁迅所说的道理，后来我喝到口不渴时，慢慢品来，加上山风习习，神清气爽，于是连我这不善品茶之拙人，也渐渐地喝出一点好味道来，一点和牛饮不一样的感觉，一点练习出来的特别感觉。一盅香茗在手，汤色红润，香气浓酽，味甘醇略带小苦，胸中郁闷顿然荡去，就觉得这山中有了点仙境的意味，于是乎"一碗喉吻润，二碗破孤闷。三碗搜枯肠，唯有

文字五千卷。四碗发轻汗，平生不平事，尽向毛孔散。五碗肌骨清，六碗通
神灵。七碗吃不得也，唯觉两腋习习清风生"，直至起身离去意犹未尽，唇
齿留香。更往高处，是茶园的另一景色"天空之境"，人造的不规则的池子，
池水倒映着天蓝云白山青，云蒸霞蔚，宛若仙境．还有"茶园迷宫"一个景点，
一大片比人高的茶树形成的迷宫，在里面穿梭往来别有情趣，原生态、环保、
独创是这个茶园的优势，老板很有创意，他不跟在别人后面跑，他的经营理
念都是独创的，所以他的茶叶很有名。

　　我在这"空中茶吧"不仅是喝茶，也吃茶。据说由于茶叶中有些不溶
解于热水中的营养素，例如脂溶性维生素之胡萝卜素、维生素 E 等，光凭喝
茶是无法摄取的，需偶尔以茶入菜，尚可摄取。那么面对这么环保的茶，我
便把一片漏网的茶叶嚼在嘴里吞了，说我来这里吃茶，不为过。何况闽南语
的"呷茶"中的"呷"与"吃"同音。

土楼茶米

◎ 简清枝

　　南靖人把茶叫作茶米。茶米，茶与米一样重要。书洋、梅林和南坑山多雾多，草木茂盛，土地多为黄壤和红壤，极适合种茶。我的老家储坑，更是茶山蔓延，满目翠绿。我的童年时代，则是一部飘着茶香的时光，采茶、晒青，我在行行如画的茶园里奔跑。茶米，是我生命里的吉祥物。

　　有考证说，我国最早用茶做药的是古越族。而漳州先民闽越族与越族有密切的渊源关系，可能自古就有以茶为药的传统。旧时南靖的书洋和梅林、南坑多交通封闭，虽宜种瓜果，但瓜果难以保鲜，更难以外运，而茶则无此难题。于是，种植茶叶，然后肩挑手扛往山外运，往城里卖，往海外漂，也就成了土楼人的宿命。明代是南靖产茶的鼎盛时期，年产万担，已成为当时"海上丝绸之路"的大宗出口商品。而且南靖及漳地乌龙茶的制作技术，当时为福建之冠，所以《武夷茶歌》中有"近时制法重清漳，漳芽漳片标名异"之句。南靖、华安、平和等县的名茶，那时均被列为朝廷贡品。

　　南靖茶叶品种主要为乌龙茶。乌龙茶是中国十大名茶之一，其在制茶工艺上属于半发酵茶，因而兼备了红茶的甜醇和绿茶的清香，制茶工序大致是先经过萎凋、摇青，使之达到轻度的发酵，然后进行杀青、揉捻，最后进行烘干。漳州栽种茶树历史悠久，民间茶风日盛。改革开放后，南靖人更是勤于种茶，善于制茶，不断有茶人外出寻求技艺，也有大量的茶人将土楼的好茶销往全国乃至世界各地。加之生态环境的改善，生活品质水涨船高的要

求，南靖人更加注重茶的品质和品牌，一批茶业能人不懈追求，为之付出了艰辛的努力，也收获了日益丰厚的土楼茶米的价值与尊严。

时光沉淀，饮茶已成为中国人的生活时尚。南靖人吃茶也逐步形成了独具特色的土楼茶文化。中国茶艺讲究五好，即好茶、好水、好茶具、好功夫、好茶配。据说，自17世纪中后期乌龙茶创制以后，闽南便兴起了与乌龙茶相适应的品饮方式——工夫茶。

传统的工夫茶颇为烦琐。闽南茶人泡工夫茶，其方法可归纳为四句口诀："高冲低斟，关公巡城，韩信点兵，啜啜慢饮。"也就是说，往茶壶冲开水时，水壶要提得高些，以使茶叶翻动，吸水受热均匀。往茶杯斟茶时，茶壶要提得低些，以免茶香热气飘逸。不能逐杯斟满，而要提着茶壶快速在各杯之间来回巡行，待斟满八分为止，再视杯间茶色的浓淡，调节到各杯茶色一致。饮茶时，宾主一同捧杯含唇啜口，品尝茶香，而后含口慢饮，呵气回味。可见工夫茶有两层含义：一是指冲泡要用功夫（技艺），不能简单从事；二是指品茶要费工夫（时间），不能回图牛饮。饮茶时还常备有茶配，以瓜子、花生及蜜饯、糕饼之类为佳。茶配既可防止因空腹饮茶而引起"茶醉"，又可表达对客人的盛情，如果各

类茶配齐备，再添些时鲜果品，那就是茶宴了。

工夫茶泡饮技艺不单单是一种茶艺形式，而是为尽可能发挥茶的色、香、味的科学品饮方式。工夫茶作为现代茶艺，是一种生活的艺术，也是一种艺术化的生活，是闽南人对中国茶文化的一大贡献。

旧时，好茶且好客的土楼人常常专置一间称为"闲间"的茶室，吃过晚饭便聚集一群群茶友，昏黄的灯光中弥漫着沸水的蒸气，晃动的炭火照见了一张张兴奋的脸面，每一杯工夫茶，都是一个话题的开始，从桌上的茶壶，从手中的茶杯，从茶的品种、优劣、价格讲起，不少人晨光熹微时饮，暮色苍茫时饮液深人静时独自饮，无论是门前寒风呼啸，还是窗外赤日炎炎，一日三餐，不可无茶饮。今天的南靖，品饮工夫茶的风尚更为浓厚，茶庄茶店多于米店。许多南靖人外出，行囊中总是要带上一包茶米，如果外出多日，必然也要带上茶壶茶杯，以饮解瘾。特别是土楼成为世界文化遗产之后，南靖成为全域旅游发展地，以茶待客、以茶为伴手礼成为"标配"。走进敞亮的茶庄茶店，多有巧笑盈盈的茶女欢迎你，琳琅满目、包装精美的茶叶、茶点供你挑选、品尝；走进市井人家，迎接你的也是扑鼻而来的茶的清香，一杯茶，消弭了许多彼此的陌生，大家一下子都感觉近了。

茶，是生命中的一部分；茶，是一段慢下来的时光。

凡事一讲究，即可为道。中国人喝茶，喝出了很多学问。只有讲究茶艺和茶道，才能在饮茶中得到上好的物质享受和精神享受。南靖茶人以茶倡廉，以茶为礼，以茶敬上，以茶励志。漳州有句民谚："无茶不成礼。"大家都以茶会友，以茶待客，在饮茶中洋溢和谐气氛，增进彼此情谊，充分体现了儒家"以礼待人""以和为贵"的仁爱思想。

茶，还是土楼人婚庆喜事中不可缺少的一部分。南靖人认为，"茶"字是以"廿"字加上"八""十""八"组成的，也就是由 20+88=108，这是一个吉祥的数字，表示天长地久，表示长寿，所以在婚宴上，在寿宴上，常常是以茶代酒，以茶敬客，可谓寓意深远。当地习俗以"茶礼"为大礼，男女订婚时，男家要向女家送"茶礼"（茶叶、茶配等物品）。结婚时，新娘要捧茶敬公婆及叔伯姑姨等，以此表达对长辈的尊敬。在祭祀祖先或烧香敬神时，也总要供三杯清茶，以表敬仰与虔诚。这些都体现了人伦有序、家庭和睦、尊敬长上的传统道德观念。此外，道、佛的思想理念，对茶道也有一定的影响。漳州茶人崇尚在大自然的环境中饮茶，或与江流明月为伴，或与松风竹韵为友，从中去领略道家的"清心寡欲，避世无为"和佛家的"逢苦不忧，得乐不喜，无求即乐"的精神境界。

比起酒，茶于我更是有着一言难尽的牵绊。少年时，到县城一中读书，靠的是父亲日夜做茶、走街串巷卖茶得来的钱，一分一角，是茶对一个普通家庭的奉献与慰藉；每年清明，回老家祭扫祖辈，坟前必放上一包土楼茶米、一杯清茶，那是一缕芳香中，对故土先人最绵长的思念。

花茶之美

◎江惠春

闽南人大多都有喝茶的习惯，走在大街小巷，茶香弥漫。有些人甚至一天不喝茶就会心神不宁，大有"宁可三日无油盐，不可一日无茶饭"的饮茶习惯。人们就连节假日走亲访友也常以茶叶作为馈赠礼品。世界文学大师林语堂是闽南漳州人，受茶熏陶而善品茶。在《生活的艺术》一文中，林语堂高扬茶的地位，认为它在国民生活中的作用超过了任何一项同类型的人类发明。因为茶成了国人生活的必需品，以至于"只要有一把茶壶，中国人到哪儿都是快乐的"。

南方嘉木，其叶真香。只有用心品茗，才能得其真味。而闽南，一直以来都是乌龙茶的发源地。漳州人爱喝茶，也逐步形成了独具特色的茶文化。福建省漳州市下辖的南靖县，坐落着我国东南沿海唯一的原始植物群落、"世遗"土楼村落及云水谣古镇等。因其环境优美，生态优良，土壤条件、气候环境都非常适宜茶叶的种植，同时把茶产业作为富民强县的支柱产业来培育，倾力打造出品质优良的茶叶。

对于茶，大家信手拈来皆是各种各样的品种。在南靖，种植着各色花茶。金线莲的种植基地，一大片墨绿色的金线莲，长势挺好。有些颜色较淡轻吐细叶，有些叶片较绿已可采摘，原来各种月份成长的金线莲长相都不一样，唯有培植一年以上的，才能开出如此细小的花朵。一直以为，只有那些称得上花的植物才会开花，没想到眼前的金线莲也可以开出如此芬芳的花朵，在黑色的遮阴网里，散发着清香，给人一种不屈的震撼力。以前对金线莲的了解，只限于字面意思。金线莲一直是药用植物中的"药王"，素有"神草"美称。近年来，因其较高的药用价值而备受人们关注。

在人们眼中，热烈如火的玫瑰，淡雅幽香的百合，碧叶婀娜的兰花，都有着多姿多彩的色彩。相比起来，金线莲的花就凸显暗淡。她的光彩是她自身的药用价值，花倒是其次，所以她的花期很短，在万花丛中，那些细小的花朵隐忍含蓄地绽放，不事张扬，她不需要用华丽的花朵来为自己润色，她也有着属于自己生机盎然的色彩，并且以另外的一种方式滋养着人们的身心。铁皮石斛，是南靖名贵药材，可入药也可保健养生，跟金线莲一样，从一粒小小的种子，在土壤中萌发，从发芽、成长、开花，最终结出累累硕果，这是一个艰辛的过程。一朵小小的花，让

人领悟生命的平凡与美丽。只要存有一滴露水，或是一缕阳光，她就会顽强地成长，有着自强不息的精神。哪怕只是开出那么一朵不起眼的小花，却有着顽强的毅力，依然洒脱地绽放，将平凡的美丽展现到极致。

花茶之美，美在天然，美在清香，美在生态。对于花茶，古人早有"上品饮茶，极品饮花"之说。南靖的土壤资源，对于种植花茶有着得天独厚的便利条件，本土种植的生态茶园，一棵棵茶树色泽翠绿，叶质柔软，气味清香扑鼻。那带着露珠的新芽，仿佛洁白的珍珠，让人有种"大珠小珠落玉盘"的美感。金线莲养生茶、绞股蓝茶、铁皮石斛花茶等，在茶叶制作的各个环节中也严格把控。工人在晒青、晾青之前会在地上铺一层白棉布，然后再均匀铺上茶青。白棉布既可以吸收茶青部分水分，提高叶子韧性，便于做青，又可避免茶青与地面接触，保证清洁安全。从鲜叶进厂验收到茶叶制作、产品出厂都委派专人负责，严格把关。南靖的茶农说，主推手工茶，虽然成本高，产量低，但可以更准确把握火候和湿度，焙制出来的花茶香味更浓厚。茶农们严格按照茶的程序制作，如今南靖花茶已在各大市场流通，并获好评。

高山之地孕育好茶。从梅林的汇全茶园一路过去到书洋下坂村及枫林村等，看了土楼红美人，品了紫云山的乌龙茶，喝了情人山的清香铁观音，行行走走，看茶树在几座山头摇曳自己的身姿，一畦畦一行行，恣意地泼洒自己的绿意。好客的茶园主居出珍贵的茶叶让大家品尝。茶园一角，有采茶工忙忙碌碌的身影。唯有置身其中，才知艰辛过程。许是茶叶就是这样一片片地采摘，再经过若干道程序制作出来，于是有着别样的清香。置身茶园，看看秋天的茶山，依然是一片盎然的绿意，绿得耀眼，绿得让人欣喜。山上的晨雾还没完全消散，整座山还在似醒非醒间。草木上的露珠，正随着山岚雾霭渐渐隐去。各种鸟鸣此起彼伏，在清晨的时光更显清脆。茶香，伴着草木香，直至一缕曙光，驱散了所有的雾气。于是，山，在眼中，近了。茶园中散养的一群鸡正优哉游哉地在茶园里觅食，听到有人走近的脚步声，会扑棱扑棱越过人们的身旁，奔向另一处风景。茶香漫着和风，在这个初秋时节，我们看到的是富足，是发展，更是希望。

这个世间，树木的昌盛与枯荣，花朵的绽放与凋谢，都是自然规律。跟人的生命一样，遵循自然规律，就是健康、向上的状态。植物都知道储存能量，等待着生命的迸发。而我们作为人，是不是更应把心放宽，把心放静，让生命跟自然保持相应的节律，人与自然也就保持和谐了。茶喝多喝少，茶浓茶淡，这是仁者见仁、智者见智的问题了。人生，并不在于你走过多少地方、拥有多少财富和过着多么奢侈的生活才会得到快乐，生活只要有茶，并懂得享用茶，心就是快乐的。或许，唯有内心宁静的人，才能对世事淡然处之，才能拥有如此的雅致领略自然的乐趣所在。

茶香无边，清芬来自远山

◎陈小玲

茶，是最朴素、淡泊的美物；喝茶，是最朴素、淡泊的美事。

每一片绿叶都曾在远离喧嚣的高山深谷里，沐浴风云雨雾，听过鸟声虫鸣。简单的叶子，简单的颜色，却有着不简单的经历，拥有不同寻常的味道。此刻的杯子里漾出碧绿和淡淡的清香，不由得要向茶感恩了，向生活和大自然感恩

在梅林与"土楼茶"相知

茶总是在虚幻与真实的交错中，被赋予无与伦比的生动气韵，依附在土楼人文景观中的文化积淀，无疑是南靖茶叶最具生命的灵性和魂魄。

南靖是福建省漳州市的一个县，地理位置优越，自然条件得天独厚，是发展茶叶生产的风水宝地。过去由于山高路远交通不便，南靖产茶不太被人们所了解。正如美玉蒙尘，终不失其美质。2008 年，随着以永定、南靖、华安的"六群四楼"为代表的福建土楼申报世界文化遗产成功，南靖茶叶也随之渐渐被人关注。

茶，是清香的；土楼则是隽永、耐人寻味的。

南靖茶叶具有形色美、香高味醇、神韵非凡的独特品质。据权威部门检测，南靖茶叶富含多种对人体健康有益的生化成分，具有显著的保健功效和特殊的药用价值。而南靖境内拥有土楼一万五千座，汇集了最高、最大、最小、最奇、最古老、最壮观的土楼，堪称"土楼王国"。世界文化遗产"福建土楼"的标志性建筑——田螺坑土楼群就坐落在南靖县书洋镇。

土楼大多数是福建客家人所建，是客家文化的象征，故又称"客家土楼"。俗话说，逢山必有客，逢客必有茶。客家人与茶有密切的关系。种茶是客家人的主要生计，不论沟圳、山场、荒崖，有土就种。客家人种茶、做茶、食茶，已成为习俗，开门七件事也少不了茶，客语称茶为茶米，可见在客家人心目中，茶的地位如同稻米一样不可或缺。我所看到的有关土楼的风光照片，大多数是以茶园为背景的。土楼与茶园结合，是精彩美妙的人文景观。客家茶具有文化传承和创新的发展价值。独特的土楼茶文化，将南靖茶叶与世遗土楼有机融合，成为新兴的文明产业。

穿越重重岭，绕过崎岖路，我们旅尘迢迢到了汇全梅林生态有机茶基地。一下车，迎面扑来一股爽人的绿风，随即移步传说中的汇全阁。耳畔古筝琴音袅袅，桌上一排透明茶壶造型圆润，壶里为"玉芙蓉""蜜香红乌龙""东方美人""土楼红美人"等各色茶，茶的名字念起来有一种诗朗诵的感觉。它们在滚烫的水里，慢慢吐露出芳香的情愫：清澈、琥珀色、橙黄、暗红，或浓或淡，渐次变化。每个到场的人都有一只指定的杯子，色香味均在其中。闲适、雅致、宁静、清悠，一种近于女性的温柔，这便是茶文化的精髓了。端起茶杯慢慢地细加品啜，顿时感觉满口芳香，纷纷赞美佳茗甘润怡神、香气清幽。

汇全梅林生态有机茶基地距离世界文化遗产云水谣12公里，面积3000亩，植茶面积800亩，保留了大片原生态树林。茶园中心是一个高山湖泊，茶树遍植湖泊四周坡地。"我们遵循自然农法种植，不施用农药、化肥、除草剂，保持生态多样性，维护生物多样性，一直坚持做中国生态茶的样板基地，"老板苏雪健介绍道，"'红美人'属于高级土楼红茶，采摘自南靖丹桂等高香新品种，一芯一叶细嫩茶芽，以传统工艺精制而成，这个以'美人'为名的茶，在发挥原有的温润甘甜外，也糅进了一丝空谷幽兰的气质。"她一边与客人品茶，一边介绍属于他们自己的茶文化。夏季，不少茶企开始担忧起蝉等虫害，而基地的人却很开心。"我们主推的'土楼红美人'系列茶品种，必须特别选用夏季被小绿蝉咬过的茶青来制作，而且虫害越重，所制出的成品茶花蜜香越浓郁。"做茶其实只是顺着茶性走，在做青的时候让它的芳香美质充分展现释放出来，末了又自然敛藏于加工好的茶叶之中。作为土生土长的南靖人，苏雪健一直琢磨着如何将南靖本土茶业与兰花、土楼更好地融合。"汇全每一家店都以不同品种的兰花作为摆设，兰花的高雅与茶之雅趣，刚好相得益彰。"苏雪健介绍。除了在品牌上融入土楼元素，她还在云水谣设立门店，向海内外游客宣传推介土楼茶文化。一个人的心在哪里，是看得见的。哪怕短时间内看不到，年深日久，当我们的心智足够成熟，所知足够丰富，就越来越能够感知美，觉察创作者深沉的用心。"红美人"有自己的名字，有自己的香韵，在这闽南乌龙茶的产区，大部分顾客喝惯了清香爽茶型，它所特有的温润之中有甘甜的特性，未尝不是给人一种新的体验。2009 年春季，"红美人"参加福建省农业厅和中华茶人联谊会福建茶人之家分别举办的全省名优茶评选，获评"福建省优质茶"。

在汇全梅林有机茶基地，我们感受到其间一种比茶更浓郁、更有意味的底蕴，那就是苏雪健最大的心愿——"做出土楼的品质和特色，往精深化方向去发展，做中国有代表性的红茶"。

"土楼之巅"问茶览胜

"茶文化植入旅游项目的着力点，旅游项目助力茶叶经济的着力点"，这是南靖茶叶的又一生命气韵。

在经济发展方式转变过程中，旅游经济发展在生态文明建设背景下得到广泛关注。突出当地的自然资源比

较优势来推动旅游经济的发展是一条绿色可持续的发展道路。南靖构建了旅游经济与土楼茶文化相融合的发展模式。

南靖紫云山土楼生态度假区位于书洋镇下坂村紫云山上，是世界遗产南靖土楼的所在地，素有"土楼之巅"之称，距县城50公里。紫荆山山谷时有紫气缭绕，故名紫云山，也称紫荆山，是南靖县古八景之一，也是闽南_处绝妙胜景。早在宋末时，半山腰就有了紫云寺，供奉阿弥陀佛、药师佛、释迦牟尼佛，民间称"三宝佛"o明朝有善士续修寺路，到了清初，有僧人进驻紫云寺，募捐重修紫云寺，此后香火日盛。20世纪初，紫云寺由于年久失修而毁坏，直到20世纪90年代才得以重建，收回三尊佛像和两尊文武石像，并雕刻九尊汉白玉观音石佛像。每逢农历四月初八、九月三十、十一

月十七的三大香会期，法师、居士诵经祈安植福，前来朝拜的人络绎不绝。

度假区位于紫云山上海拔 1000 米处，总体规划面积近万亩。这里有近千亩的生态茶园，人迹罕至的原始森林，一望无垠的高山草甸，"茶文化"是度假区的核心文化之一。问茶紫云山，度假区飘出的一缕缕茶香，为禅修的游客增添了"以茶参禅"的意境。

驻足"土楼之巅"，让人掂量出这一度假区的生命张力与灵性，在这里，自然景观与人文景观完美结合得到最真切的流露与展示。

紫云山土楼生态度假区老板胡先生，为了让度假区与环境融为一本，在山间"自然生长"，没学过设计的他到处参学，仔细研究园林模式，和团队一起修改图纸，一点一点完善自己的构想。2012 年开始修路造林，他收集旧木，建造了 80 米绝美长廊；他用山里的竹节引清澈山泉注入露天泳池；他用树枝和竹节打造独有的灯饰；他在茶园设置迷宫；他在山顶用水设置了"天空之境"……

登游，俯望所及风物必别显壮阔。云朵游移，显示着风的力量。晴热的午后，空中尽是白亮的阳光。胡先生领我们走进度假区腹地，仿佛从一座山的怀抱放眼一列伟岸的山峦，那是由近趋远、由低渐高的山岭竖起的围屏，最低层处是水墨村庄。"你们看对面山峰的轮廓，像不像一位斜躺着的古典美女，像不像睡观音？"胡先生指点道。只要有一颗宁静的心，人类的想象就会长出美丽的翅膀。

到茶园迷宫，有一段石条阶路，沿着山脊直入青云。只见路边上下，茶树层层叠叠，静伏在阳光下，有耐不住安详的飞鸟舞翅划破山间的宁静，带来欢怡的鸣叫。迷宫行走，我们平静、细心地体味了茶叶散发出来的独特气息。遗憾的是，这次我们没能在早晨或黄昏，俯视"天空之境"，欣赏风、云、光、影交织的美妙绝伦的画展。

人在世上待久了，难免有这样那样的苦恼和这样那样的重负。为解脱这一切，有人皈依宗教，向内心去求平衡，更多的人选择到大自然去寻找回归。紫云山土楼生态度假区具有这样的魅力，既能以自己的神韵安定人的心

34

绪，又美得使人起了宗教式的向往。我没有宗教体验，在这儿却接受了一次大自然对人的洗礼。胡先生在紫荆山已经待了5年，望远近峰岭，风烟朝夕奔入胸次，幽居之乐只能为自家道也。

一片茶叶的无限可能

提炼土楼文化元素，助力发展茶叶经济；茶产业植入旅游项目……近年来，南靖县委、县政府从当地独特的自然条件出发，把茶叶确定为一项农业主导产业，使南靖茶叶不断发展壮大，成为福建省十大产茶县之一，闽南乌龙茶第二生产大县，目前全县茶园面积十二万亩，年产茶叶两万吨，产值十六亿元。生态茶叶生产已成规模，有五万亩茶园通过无公害认证，六千亩茶园通过有机茶认证，高标准生态茶园一万五千亩。出产的茶叶形优色美、香高味醇、神韵非凡，品质独特，近年来先后在全国、省、市各种茶叶质量评比活动中获得三十多个大奖，其中"南靖丹桂""南靖铁观音"获得国家地理标志认定。先后创办了汇全、茶农世家、南香、三家村、御品等20多家龙头企业，这些企业背后都有一个共同的区域品牌—南靖土楼茶。如今，在全国许多大城市，南靖土楼茶品牌已经深入人心，而到南靖土楼游览的游客，也忘不了带些茶回去。

茶香无边，茶叶给南靖带来无尽的希望与活力。

奇景佳茗茶香远

◎张荣仁

2017 年夏天的一个周末，我们驱车前往树海瀑布。一来观赏树海瀑布奇观，二来顺道参观树海瀑雾茶庄园，观奇景，品佳茗，度一个清凉健康的周末，不亦乐乎？

树海瀑布，被誉为"华东黄果树瀑布"。2002 年，漳州籍画家蓝丽娜应全国政协办公厅邀请，以树海瀑布为素材，创作大型油画，陈列于全国政协礼堂。

盘山九曲，我们来到位于漳州市南靖县船场镇下山村境内的树海瀑布景区。这里处于一片原始森林的深处，蓝天、白云、阳光、瀑布、树影，山风习习，涛声阵阵，和着林间婉转的鸟鸣。

树海瀑布宽 45 米，高 21 米，气势壮观。峡谷上方，一挂雪白的瀑布，如虹，如一道白练飞泻而下，大气磅礴，有如万马奔腾，更似雷声轰鸣，震耳欲聋，声势夺人。

面对如此壮观的瀑布，谁能不心潮澎湃？谁能不想放声高歌？

瀑布下方，一汪墨绿的水潭，犹如一颗巨大的果冻轻轻地摇摆。潭边怪石密布，姿态万千。潭不大，水很洁净，一些游客心痒不已，忍不住下水一游为快。瀑布周围方圆数百里，是绿茫茫的树海，树木郁郁葱葱，密密层层。

潭水，顺着层层叠叠的山岩平铺而下，往下流去，犹如一条在树海之中飘动的美丽白绸，在日光的照耀下波光粼粼，吸引着游人的脚步纷至沓来，避暑消夏，掠奇揽胜。

瀑布左侧，有一条樵夫打柴的小径，陡峭崎岖。沿着它爬到瀑布上方，居然别有洞天。一条小小的溪流，在竹林树海掩映下，缓缓流淌，波澜不惊，与树海瀑布的磅礴气势、喧嚣的场景形成鲜明的对照，让人有如临桃花源的感慨，有远离闹市幽居世外的心愿。

俯瞰脚下，是笔直的悬崖，溪流就顺着你的脚倾泻而下，撞击着山石，如万鼓齐鸣，发出巨大的空响，空中溅起如雪如玉的水珠，笼罩着一片氤氤氲氲的水汽。

我在瀑布前，痴痴地、静静地伫立，良久，才缓过神来，像从梦中惊醒。

但见远处、近处皆是烟雨蒙蒙和光影闪烁。空中明明阳光灿烂，而眼前却潮气盈盈。一阵山风吹来，耳畔有风掠过，夹杂着水汽、野草和树林的味道，我闭上眼睛，深深地吸上一口，感觉是那样清新，让人顿觉神清气爽！

与树海瀑布相邻的双峰村，2004 年创办了漳州福星茶业开发有限公司。福星茶业是福建省现代农业农产品加工示范企业、漳州市十强茶业企业、漳州市农业产业化龙头企业、漳州市守合同重信用单位；2013 年 12 月，福星茶业的浓香型铁观音在"凤翔茶都杯"茶王赛中，被南靖县人民政府评为"茶王"；2015 年 7 月，福星茶业的树海瀑雾金观音红茶、奇兰红茶，双双被福建省农业厅评为优质奖；2015 年 10 月，福星茶业的树海瀑雾乌龙茶，被国家农业部优质农产品开发服务中心授予"极具发展潜力品牌"；同年，树海瀑雾土楼工夫茶在"凤翔杯"茶王赛中，被南靖县人民政府评为"茶王"；2016年6月，第八届海峡论坛·第三届海峡（漳州）茶会海峡两岸茶王赛中获红茶金奖；2017年6月，在第九届海峡论坛·第四届海峡（漳州）茶会海峡茶王赛中，福星茶业选送的红茶荣获金奖。

离开树海瀑布，我们前往位于双峰村的漳州福星茶业开发有限公司，采访公司总经理邱福清。

在树海瀑雾茶庄园，我们_边品茶，一边听邱总娓娓道来："饮茶是人生一大雅事，画家黄永玉也喜欢喝茶，尤爱普洱。茶有禅意，茶禅一味。在茶人眼里，水有情、山有情、风有情、云有情。"

在双峰村，只见一片片翠绿的茶园遍布一个个山墩，呈梯状的茶园，整齐有序，雄伟壮观。

邱总指着茶园说："借助福建土楼全域旅游经济的升温，如何转型发展？"

邱总接着说："这些都是我们的茶叶基地。漳州福星茶业开发有限公司融种植、生产、加工、营销、品牌、文化、旅游、体验为一体，企业以'公司＋基地＋农户'的模式，建立茶叶原料生产基地1280亩。公司主要致力于铁观音、金观音、土楼工夫红茶、炭焙茶、野生清明茶、土楼高山茶等多种茶叶的开发生产经营。企业主导品牌'树海瀑雾'商标是福建省知名商标，并获得绿色食品认证，是福建省名牌农产品，随着南靖土楼名声远播及旅游产业发展，为南靖茶业发展注入了新的活力，带来了新的契机。"

邱总还带我们参观并介绍了树海瀑雾茶庄园项目："南靖县树海瀑雾茶庄园是以漳州福星茶业开发有限公司为主体，在国民经济进入新常态下延伸的新型农业形态。"

他说："南靖县是国家生态县，双峰村与号称哗东最大黄果树瀑布，——树海瀑布相邻，与世界文化遗产国家5A级景区——田螺坑土楼群仅一山之隔，地理位置优越，自然环境得天独厚，旅游资源丰富。"

说到公司的发展宏图，邱总信心满满，他说："2015 年，公司把当地旅游资源优势与生态茶园观光资源优势有机结合，以'茶'为主题的观光庄园作为依托，综合开发茶园的休闲观光价值。目前庄园已初具规模，整体项目在发展中稳步向前推进，已完成园内建设有：茶叶加工区、多功能综合楼、茶园观景台、果蔬创作区、生态养殖区、休闲垂钓区、茶叶品种园展示、土楼民俗体验，并提供餐饮、住宿、娱乐，以及一条 2 公里休闲观光步行道等特色休闲生态配套服务项目，形成全方位的生态休闲农业发展布局，可以有效推动生态茶产业由传统发展模式向现代发展模式快速转变。茶庄园于 2015 年被福建省农业厅授予'福建省级休闲农业示范点'。"

　　休闲垂钓区占地一二十亩，只见池水清澈，不由使我想起一首古诗："半亩方塘一鉴开，天光云影共徘徊。"水中成群的鱼，或冒泡，或畅游，池

塘边的垂钓亭，亭中的垂钓者，宛然一道山村新增的美景。

　　沿着休闲观光步道，我们参观了果蔬创作区、生态养殖区。百香果是西番莲科西番莲属的草质藤本植物，果可生食或做蔬菜、饲料，有"果汁之王"的美称。在百香果园，只见竹木搭架的棚子一列列，有一米半高。在稠密的绿叶中，隐藏着一个个惹人喜爱的百香果果实。百香果刚长出来的叶子是嫩绿的，而且是朝上的，不几天叶子就长大了，变成深绿并朝下了。百香果是攀爬植物。在叶柄上面一点，在那里伸出一条细丝。果棚上，硕果累累：绿绿的、紫红色的果实缀满果棚。游客选摘紫红色的成熟果实，一筐一筐。百香果切开，里面是黄色的果肉，似生鸡蛋黄，也称"鸡蛋果"，果肉显有

奇景佳茗茶香远

许多卵球形颗粒，充满着黄色的果汁，散发出一股扑鼻而来的诱人香味。

随着南靖旅游的蓬勃发展，游云水谣、树海兰花虎伯寮、鹅峰雨林东溪窑、塔下水乡、土楼妈祖的人，纷至沓来，给福星茶叶开发有限公司开发休闲观光农业带来无限商机。

双峰村也有许多土楼，在青山绿水掩映下，在明丽的阳光照耀下，这些原生态的土楼显得尤为古朴。

邱总说，公司通过以"茶"为主题的观光庄园作为依托，对消费者进行茶产品的深度介绍及体验，并辅以各式宣传活动，提高消费者对产品的认同度，加深消费者对品牌的黏着度，再以实体店购买或网店下单方式，便利消费者的购买，达到"互联网+实体+农业"的最大效益，并为当地经济发展起到了很好的推动作用，为当地闲置人员创造了就业机会，与当地贫困户签订用工帮扶协议，共同带动贫困户脱贫致富。

邱总说："2010年12月6日，我们成立了南靖县双峰茶叶专业合作社，注册资金802.5万元。现有合作社成员118名，农民成员115名，占成员数的98%，企业成员1名，就是我们漳州福星茶业开发有限公司，占成员数的0.9%，成员主要分布在书洋镇双峰村、书洋村及和溪镇迎新村。合作社拥有

茶叶生产基地 2000 多亩，种植的主要有铁观音、丹桂、本山、金观音、竹叶奇兰等优良茶树品种。合作社成立以来，始终遵循家庭经营，自愿加入，民主管理，盈余返还，经济参与的原则。同时，合作社在生产资料采购、技术指导、产品销售等诸多方面，尽最大努力为每个成员提供全方位的优质服务。通过技术培训，合作社成员的茶叶生产技术水平不断提高，生产加工的茶叶品质大幅提升。在合作社的带动下，合作社成员经济收入稳定增加，年收入比当地非成员农民高出 20% 左右洞时辐射带动当地非成员茶农共同致富。"

"多年来，本合作社有品牌效应，2013 年 12 月，被福建省农业厅、财政厅认定为省级示范社；2014 年 12 月，合作社注册的集体商标'合双峰'，是福建省著名商标、漳州市十佳集体商标；所开发、生产的树海瀑雾茶叶的新产品，一投放市场就受到热捧，企业效益不断提升。"

随着采访结束，望着远去的树海瀑雾茶庄，我回味着在青山绿水间，以茶为引，以茶会友，悠然品茗，深深呼吸着清新洁净的空气的情景，回味着林语堂"茶需静品""只要有一把茶壶，中国人到哪儿都是快乐的"的诗句……

自古以来有共识，好茶出自树海处。我希冀福星茶叶开发有限公司的树海瀑雾茶飘香四海，更寄托它步入福建土楼全域旅游的快车道，搭乘《南靖县加快茶产业的若干意见》的春风，越做越好，实现众多南靖茶商、茶农、茶企的中国梦！

奇景佳茗茶香远

只为你量身定做
——记南靖紫云山生态综合茶园有限公司

◎叶 子

  "清新福建深呼吸，生态紫云茶乐天。"这是书法家胡铁汉先生送给紫云山茶园的对联，著名的老舍茶馆里的字也是胡铁汉先生题写的。很多缘分都是因茶聚拢而来，茶合天下。紫云山土楼生态综合茶园有限公司位于南靖县书洋镇下坂村，占地面积六百多亩，已投入几千万元，2014年被南靖县委授予"年度农业产业化龙头企业"称号，同时也是福建省休闲农业示范点。让人惊喜的是，山上竟然有游泳池！满眼绿中透出一点蓝，美丽醉人的颜色！凉风习习，我们一大帮舞文弄墨者坐在宛如弓箭形的"空中茶吧"里惬意而悠闲——若是在市区江滨，风是热的，哪能有此等享受？这里的主人将大自然的风物引进茶室，将茶艺术化是茶道的一大特色。茶壶、茶杯、茶勺等茶器无一不精美，茶食、茶配无一不讲究，借清茗做心灵的沟通。喝茶的艺术在于清、静、闲，人的心境通过这种领悟的过程，会变得空灵而飘逸。茶吧既可泡茶，也可听音乐，更有甚者，有笔墨纸砚伺候，可以乘兴挥毫留下墨宝，正可谓"澄心凝思书气清，茶香缥缈墨韵中。茶事入画似读史，墨中香茶更添情。饮时得意画梅花，茶香墨香清可夸"。胡士银老总告诉我们，公司于2013年注册成立，在公司发展壮大的4年里，始终坚持用户至上，坚持用自己的服务去打动客户。自南靖紫云山土楼生态综合茶园有限公司创建以来，坚持"诚信为本，客户至上"的宗旨，本着"品质为本，精益求精"的经营销售理念，力求给客户提供全方位优质服务的同时，也使企业得到长足的发展。期待与各位业界新老客户携手共进，共创辉煌。创业是艰辛的，紫云山茶园现在还处于投产阶段，茶园休闲观光与制茶齐头并进，相信不久的将来必定获得丰厚的回报。

文友开玩笑说，拥有一座茶园，就如一个奢侈的大地主。公司的宣传片美轮美奂，茶山上被云雾笼罩，紫云山庄犹如梦幻瑶池，让人心旌摇荡，心驰神往。它之所以吸引众多茶客慕名前来，原因有三。其一，因为在全国各地漫山遍野的茶园当中，紫云山土楼是独特的放养式茶园。何谓放养？就是茶株本身不加修剪，参差不齐浑然天成，清水出芙蓉，天然去雕饰，不像其他茶山所有的茶树都修剪得整整齐齐，只有人的膝盖高，恍如在一群粉妆的少妇当中，看到一个素颜的少女。我想起一位演员当年出道的时候，一件

—只为你量身定做

白衬衫，一条牛仔裤，浑身溢满逼人的青春气息。我前去的时候，这里的茶树已有一人高。公司胡总热情地把我们带到了茶园迷宫。一列又一列的茶树之间留有一人宽的距离，呈"几"字形回环反复，你隐约可以听见边上有人说话，但你没办法直线拐过去，只能曲曲折折循着踪迹前行，很适合人们在此嬉戏。胡总充满自信地说，我这创意起码可以保持三年的优势，要是有人模仿我，三年后我的茶树都高得可以搭棚子了，到时茶工必须踩着凳子、梯子采茶，这又是紫云山茶园一道独特的景观。是啊，胡总的思路是超前的，这正如他虎虎生风的脚步，他一下子把我甩出去老远，尽管我努力跟随，却还是没能跟上他的脚步。胡总说："我是农民的儿子，我敢吃苦。但我种茶制茶绝不会向农民学习，我一定要走得更远。"茶园养护是一门大学问。茶农讲究七月挖的茶山，它明年就会增产，意思是七月挖的山就是挖金，八月挖银，九月十月就是挖土了，因为已经过时了。七月的时候，茶叶根部最发达，这个时候把上面的土翻开来，根就往下扎了，根越往地下扎就越保水越耐旱。到丿I月的时候，根部就没有七月这么坚强了。七月挖土，冬天平山，春茶前除春草。与众不同的茶园就是这样打造出来的！

　　紫云山独特之二在于，公司只做高端茶，一斤茶非千元以上不卖，根据顾客的口感与喜好为其量身定做。就如每个名模都有自己的私人服装设计师。紫云山茶园以制作红茶为主，这是根据社会需求、市场需求而做出的市场策略。红茶暖胃，茶汤色泽红亮，滋味醇和回甘，饮之齿间留香，余韵悠长。犹如给人温暖的女性，婀娜而娇柔，可以温暖一年四季。喝着红茶，仿佛与女友喁喁细语，说不完的情话与蜜意。留在舌尖上的感觉是无限的甜蜜与温润，像一个性感妩媚、丰满而娴熟的女子，线条也柔和，口感也柔和，再加上甜点，可甜蜜一整天。人失意之时一定要饮红茶，红茶如善解人意的女子给你抚慰。人得意时也要饮红茶，春风得意马蹄疾，锦上添花。只是失意之时切不可饮绿茶，那是雪上加霜，人会更添十分哀伤，只觉人生惨淡如绿茶般锋利。我喝了一泡紫云佛茶，果然美妙。公司制茶种类较多，也有丹桂、玫瑰茶等。茶园也制作乌龙茶，以铁观音为代表。

　　好的茶叶是陪伴出来的，是用心做出来的，公司制茶的每一道程序都用心至极。我们在参观紫云山茶园制茶机器时，发现除了现代的摇青机器外，还有古老的筐箅等制茶设施。挑青用竹筐，竹筐可以保持茶青的通风，也可以保持青叶的新鲜度，茶青采来是不能落地的。炒青的时候认真负责的师傅要时不时用手去感应茶叶的温度。炒茶在过去是两炒两揉，现在用机器做不到，只能一炒一揉，少了一道工序。手工茶要想做好一定是两炒两揉，如果是认真去做，想做好一点的品牌，那必须要两炒两揉。炭焙也有讲究，现在炭焙用的烘干机一道下来就把茶叶拉干了，很可能导致焙下的茶叶光泽度不高，颜色深了不好看，就好像人早起没洗脸一样，这时就需要人工焙茶，当中要留个洞口，因为炭火跟馒头一样，中间火力最大，最大的地方容易伤茶叶，所以要留个洞口，让它冲上来。紫云山茶为什么这么好？因为它深情款款，只为你量身定做！

紫云山独特之三在于，这是樱花底下的茶园。当初承包这几座青山的时候，胡总特意保留着种稻谷的梯田。到了樱花烂漫的季节，牡丹樱开出的紫红樱花掉落在水里，樱花雨缤纷飘落，水面映射出樱花美丽的倒影，别有一番浪漫的誕。胡总还特意设计了T"心"形樱花谷，"心"的边缘种满樱花，届时必定吸引年轻的小情侣一对对满怀憧憬而来。到达茶园山顶，在一大片平坦的草甸上，"天空之镜"映入眼帘，五个天池蓄满清澈透明的清水，水里映着蓝天白云滯晰地看到白云悠游自在地游走。所有的设计都别具匠心！

一家茶企业，要关注的细节太多了，茶园的环境要美得像一幅画，茶叶的质量要上乘，市场的营销要宣传，还有最关键的一点：茶企业的灵魂——掌握茶文化的精髓。茶通六艺，艺从心发。一要心静，心静则万物生起。二是净具。把烧好的水轻而平稳地拿起来，此时仿佛感觉自己就站在溪边，捧着水，看手心里水光粼粼，舒服极了。从手心落下的水，砸在水中，瞬间无影。你手中的壶就是你捧在手心的水。把水轻轻地注入茶器中，就像你掬起来的水轻轻地洒在自己的手臂上。把壶放在壶座上，温柔得就像吃着一颗从小就爱吃的小食品。三是置茶。过少则无味，过多则发苦，讲究的是一个适宜。四是闻香。开水冲泡下去，你会发现茶杯里开了一朵朵小花，俯下身去，轻轻地去嗅一嗅这不带尘俗的绝世香气，感觉那香气幽幽地沿着你的鼻息，直达你的肺腑。五是冲泡。那从壶口流淌出的热水，仿佛你温热的呼吸，这时只有你的呼吸和心跳了，你的最柔软的温情在这一刻释放出来，时间已失去了边界，只有你的心柔软地爱着。睁开眼睛吧，看看你所爱恋的。六是出汤。茶汤清亮，甜美回甘，美得让人想叹气：我这是何等福气！在紫云山喝了太多泡茶，我有些茶醉了，感受到大大的茶自在。

茶秉天地至清之气，茶中有乾坤，茶事之乐常与文事紧密相连，特别是隐士不可无茶，茶禅一味，更有那王士饮茶族，僧道饮茶族。如今的茶事已经遍及千家万户，从贵族走向大众。茶的高雅脱俗自然之美与道法自然人人向往，坐在茶室古朴的榆木凳子上，打开玻璃窗，凉风扑面而来，暑汗顿消。看着远方的翠绿，感受一种清新，一种惬意。远离市区的喧嚣，独自躲在安详宁静的紫云山，抖落岁月的尘埃，以如水的心去看待生活中的每一件事，人生的坑坑洼洼都可暂时抛之脑后。我们会有所感悟，一种对功名利禄的看淡，一种对自己过往人生的审视，在岁月静好的时候，感悟茶山的神奇，

感受茶园给予人们延续生命的原动力。这山外的夏天红尘滚滚，而海拔九百多米的紫云山茶园却一派清凉。端起一杯滚烫的红茶，与时光对饮。静静地去品味，品味世态的炎凉，品味人生的苦涩，品味取得成绩时的欢欣。在难得的闲暇光阴里，沐浴着山风沉浸其中，细细感受自然之美。紫云山取意紫气氤氲，云蒸霞蔚，这里山脉连绵，起伏跌宕，终年云雾缭绕，紫气盈空，每逢东升旭日，霁时佛光冲天光芒万丈，宛若置身仙境。紫云山目前餐饮、住宿等接待设施业已完备，在这里可以尝到度假区内培育的特色野菜宴和南靖地方特色美食。客栈有三大特色：一是距离南靖土楼线及永定高北土楼群均在 10 公里范围内；二是偌大的茶山上仅 30 余间客房，可享受无人打扰的清静；三是拉开窗帘便可欣赏到梯田景观和千年古村落的袅袅炊烟，清晨起来，开窗赏景，烧水，道一声"早安，红茶！"且让你做一回神仙。

用余生暖一壶茶吧！忘却人间悲欢离合喜怒哀乐，与亲朋好友一起爬爬茶山喝喝暖茶，这才是人性里最真实诚恳温暖的爱，其他的都是假大空。愿你我岁月跌宕有一壶茶相伴，祝我们喜乐余生有一缕茶香。记得来紫云山喝杯茶呀！

南靖茶土楼味

◎黄荣才

在南靖喝茶，与在平和喝茶，几乎没有什么区别，同是闽南地区，区域相邻，而且在相当长的时间内，南靖和平和是二合一的，尽管当时的名字是南胜县。后来的平和是从南靖划分而来，颇有树长大了分叉兄弟长大了分家的味道。如今在南靖，茶叶酒就如生机勃勃的茶芽，在田间地头书写飘香的诗行。南靖县，已经是福建省十大产茶县之一。全县有茶园面积12万亩，年产干毛茶2万吨，产值32亿元，申请注册了"南靖丹桂""南靖铁观音"两个茶叶地理标志证明商标。

一个产业，注定有它的来路。南靖产茶历史悠久，早在隋末唐初，南靖先民就有采制饮用野生茶的习俗，这样的习俗，也许湮没在岁月的车轮下，但隐隐约约，有点历史的纵深感；明朝万历年间，南坑村也就开始成片种植

茶叶；清朝光绪年间，奎洋镇上洋合福坑的茶园已初具规模，两地出产的茶叶均成为宫廷贡品，这已经把一种民间植物的种植提升到引人注目的高度，它的身影，也就无法让人熟视无睹。

南靖和平和的地理条件，几乎没有太多的区别。气候温和，四季如春，冬无严寒，夏无酷暑，年平均气温21Y，年降雨量1700毫米，无霜期340天以上，属典型的南亚热带季风气候；山多林茂，植被丰富，土质疏松，土层肥厚，土壤中富含有机质和微量矿物元素。这样的条件，出产好茶好像没有太多的悬念，类似于武林人士对垒，优势明显，结局就呼之欲出。

"只要有人到哪儿都是快乐的。""捧着一把茶壶，中国人把人生煎熬到最本质的精髓。"从平和走向世界的文化大师林语堂，爱茶，懂茶，他从平和出发，沿着花山溪，经过南靖，走向厦门，沿途是否有茶山引发他的感慨，没有明确的说法，但从小时候他母亲经常招呼过路的樵夫到家里喝茶，那些袅袅升腾的茶香，直接抵达他的记忆深处，时常发酵，成为回望家乡的音符。喜欢喝茶，似乎是许多中国人的标签，柴米油盐酱醋茶，这茶叶也就不是点缀，而是生活的必需品之一。

一只木桶，一把木制的水勺，一只烘炉，一小堆木炭，一只烧水的壶，一把茶壶，几只茶杯，一泡老茶，这样的场景，可以让日子醇厚而有韵味，带点古老气息。如果是在土楼，这味道就更为浓郁。南靖土楼，闻名遐迩，几次去土楼，都有人招呼喝茶，尽管这更多的是土楼人促销拉生意的手段，但依然给人亲切感。更喜欢去那些游客不多的土楼，在竹椅上坐下来，喝几杯茶，有点慵懒，有点自在，有点挥霍时光的舒坦，全身上下顿时放松，连毛细血管都是舒张惬意，这时候，茶的好坏不是主要的，享受的是那一时刻。南靖茶的土楼味道就这时候汹涌而出，我想这是南靖茶叶最为独特的标签。

任何一个产业，都有其发展的曲线。南靖茶叶的发展也是如此。近年来，南靖县委、县政府把茶叶确定为一项农业主导产业，积极从茶树品种改良、商标注册、绿色认证、QS认证、龙头带动、技术创新、形象打造、市场拓展、茶市辐射、名优茶工程等多个方面推动茶产业快速发展，全县有铁观音、奇兰、丹桂、金观音、本山、毛蟹以及软枝乌龙、金萱、梅占、黄旦、单枞等品种，这些茶叶品种就像南靖的土楼一样，分布在全县不同的区域，以书洋、南坑、梅林为主产区，涉茶人员12万人。遗憾的是，南靖的茶叶并没有拥有如四菜一汤等土楼代表，南靖茶缺乏统一的公共品牌，缺乏武夷岩茶、安溪铁观音、平和白芽奇兰的统一标签。幸好，南靖县已经意识到这一点，提出了南靖茶产业发展"十个一"工程。南靖县茶叶协会会长张荣仁是老朋友了，不时在一起喝茶。他对这项工程做出了具体的解读：打造一个茶叶公共品牌，制定一套茶产业扶持政策，成立一个茶叶协会，完善一个专业茶叶市场，制定一套茶叶标准化生产规范，每年举办一次茶王赛，每年每个重点茶镇新建一个茶庄园，每年争取资金1000万元扶持茶产业，每年建设现代茶园1000亩以上，每年改造低产茶园1000亩以上。其中第一个就是打造一个茶叶公共品牌。

南靖茶的土楼味道，并非仅仅是在土楼喝茶享受老时光，而是把土楼元素和茶叶品牌发展融合起来。2007年，"土楼老茶王"李钦富注册了南靖县首个茶叶商标，在枫林村建立起"南壶香"茶叶基地。后来，他又看准福建土楼申遗成功的商机，将土楼文化元素与野生老茶相结合，研制出土楼老茶系列产品。

南
靖
茶
土
楼
味

　　2009年9月，在李钦富的带动下，联众茶叶专业合作社正式挂牌成立。当地茶农"抱团"闯市场，他们以茶山入股，合作社负责采购、供应成员所需的生产资料，组织收购、销售成员生产的茶叶，并引进新技术、新品种，开展技术培训、技术交流和咨询等服务。

　　如今，把土楼元素和茶叶发展结合起来，在南靖已经是共识，也是共同的目标了。有些时候，形成共识至关重要，毕竟，方向决定出路。

　　与田螺坑土楼群一山之隔的树海瀑雾茶庄园是以漳州福星茶业开发有限公司为主体的茶叶基地，基地茶园与号称"华东最大黄果树瀑布"的树海瀑布相邻，位于南靖县双峰村。田螺坑土楼群和树海瀑布，这是两个属于南靖县的显赫标签，而茶园可以和它们结合，那是相当不容易。这时候的茶园，已经不仅仅是生产茶叶的地方，尽管企业主导品牌"树海瀑雾"商标是福建省著名商标，并获得诸多荣誉，但基地已经跳出茶叶单线发展的脉络，以基地建设为出发点，打造高山生态有机茶基地为目标，综合开发茶园的休闲观光价值，建成茶叶加工区、多功能综合楼云峰阁、茶园观景台鸣翠亭、果蔬创作区、生态养殖区、休闲垂钓区、休闲游泳池、茶叶品种园展示、土楼民俗体验、餐饮、住宿，以及休闲观光步道2公里等特色休闲生态配套服务项目，成为福建省级休闲农业示范点，让庄园与周边旅游景点树海瀑布、土楼进行互动。行走在这样的茶园，感受到的不仅是茶香升腾，还有土楼的厚重古老和瀑布的水汽飞扬。

南靖茶叶目前已有市知名商标5件，省著名商标5件，省级名牌农产品2个，其中印象深刻的一个是"土楼红美人"。知道"土楼红美人"是缘于其在漳州电视台的广告，这款精细红茶红艳明亮的汤色吸引了我的目光。后来才知道，"土楼红美人"是福建省汇全农业开发有限公司的产品。曾经和汇全茶业开发有限公司总经理苏雪健聊天，谈及她不断反复试验，成功制出"土楼红美人"的心路历程，从最初仅仅因为有太多的丹桂，而漫山遍野的丹桂会在数日之内成熟，"早采一天是个宝，晚采一天变成草"，这种暴殄天物的心疼，推动了她另辟蹊径做红茶的灵感，反复琢磨，反复改善，终于成就了一款红艳明丽、韵雅味醇的红茶。慢酌细品，这款红茶的雍容华贵惊艳的不仅是目光，还有对它位于梅林生态茶园的向往。知道了汇全公司创办于2002年1月，目前拥有已通过无公害认证的"公司+农户"基地12000亩；自有生态茶园3500亩，三座初制茶厂，其中一座通过有机茶加工厂认证，南靖县城建有精制加工厂一座。去汇全公司的茶园基地走走看看，就有了"吃过猪肉也想看看猪跑路"的追根问底，而好奇心，我觉得也是品味一泡好茶可以拥有的闲情雅致。

南靖茶的基地，没有办法一一前往驻足，所有我们看到的风景都只能是局部，因此才有窥一斑而见全豹的说法。南靖茶园，也就留下了众多游客的脚步，从充满历史韵味的土楼到生机勃勃的茶园，从静态的站立到动态的生长，引发的是众多游客的感慨和惊叫，舒适的是目光，抚慰的是心灵。再去南靖喝茶，就少了一份陌生感，代替它的是一种亲切。举杯的时候，南靖茶的土楼味道隐藏在茶香之中，成为一种韵味，顺喉而下，那份厚重、圆润、绵醇，甚至清明茶的那种沧桑，都尽在那一泡茶中。这时候，更是佩服林语堂，四个字"茶需静品"，道尽多少秘诀。这时候，可以很有底气地说一句"南靖茶，土楼味"。

53

南靖茶土楼味

坑头向山冠钧茶

◎珍 夫

　　生在南靖，长在南靖，工作在南靖，很早就听说八仙围棋山的美名，却一直无缘见识。去年因为热心南靖县全域旅游的庄老先生邀请，专程考察坑头古村落和风动石，才闯进八仙围棋山，踏入德利生态茶园，闻到了"冠钧"茶香。

　　船场镇坑头村，距离镇区8公里，平均海拔870米，四面环山，云雾缭绕，层层梯田依山而下，被称为"雾中乡村"。有6个自然村、8个村小组，人口540多人，耕地面积753亩，森林面积6742亩，是一个山清水秀、风光无限的地方，一处美不胜收的桃源胜地。村中古建筑群分布在八仙围棋山脉下的丘陵，依山而建，错落有致，有点像西藏的布达拉宫。土楼以长方形、同字形为主，多数为两层土木结构，共有102座，古韵犹存，展现了闽南乡村的独特风情。从远处眺望，古建筑群犹如一条沉睡的黑龙，一座座土楼的黑瓦屋顶，好似黑龙身上的一块块鳞片。古建筑群现存最早的内楼，建于清

乾隆三十八年 (1773)，多数土楼建于民国年间。美丽而又生态的古村落，民风淳朴，村民日出而作，日落而息，炊烟袅袅，田园风光赏心悦目，让人真正感受到人文景观与自然地理的和谐统一。

村中的西天寺，原名金石庙，已有 450 多年历史，供奉西天佛祖，近几年香火旺盛，成为集朝圣、旅游、观光于一体的文化旅游胜地。西天寺前，一处奇特的大脚印，俗称"仙足迹"，传说八位仙人来到此地，留下右脚印，左脚印则留在八仙围棋山上。西天寺下方一块重达 70 吨的小风动石，只要顺势一推，石头便会晃动，令人称奇。

西天寺后方约 3 公里的八仙围棋山竹林深处，又有一块特大风动石，吊足了我们的胃口。由于路窄车不好掉头，我们只能步行前往。万亩竹林随风摇曳，沙沙的枝叶声和一望无际的翠绿让我们心神宁静。来到西天寺，穿过一片幽静的林间小道，终于看到特大风动石。长约 9.7 米、宽 6.5 米、高 5 米的千吨风动石，立在一块大约 30 平方米的石头上，从石头缝隙望过去，它们的接触面积非常小。我们在石头上放置一根小竹竿，顺势往上推，便看到小竹竿在动。

风动石是一种自然奇观，多属花岗岩，下重上轻，类似于不倒翁。这

特大风动石支撑点不大，但是重心稳固，犹如一头俯首潜游的巨鲸，在推力的作用下摇摇欲坠，场面甚是惊险壮观。我们手臂并用尽力推动，石头左右摇晃的摆幅达20厘米，余摆50多次，别有一番情趣。难怪特大风动石被地理学界尊称为"真正会跳动的大地心脏"，被国家林业局原副局长、中国野生动物保护协会会长赵学敏亲笔题为"世界第一风动石"。

一个小村庄两块风动石，极为罕见，八仙围棋山成了我们的向往，吸引我们前去探寻。八仙围棋山简称"八仙山"，地处南坑、船场、龙山三镇交界，最高海拔949米，属漳州市最高山峰之一，风光秀丽。相传古时候八个仙人云游至此下棋，一个放牛的孩子看到，惊奇地叫了一声，仙人马上化身八座山头，围着一盘尚未下完的残局，人们便称为"八仙围棋山"。

八仙围棋山连绵11平方公里的高山盆地群峦叠起，丘陵的独特地貌若泰山之雄浑，华山之险峻，黄山之奇绝，桂林之秀丽。山中奇石星罗棋布，峰回路转，浑然天设迷城。登高望远，万山臣服脚下，大有"苍茫大地我主沉浮"的气魄。其中三大风水宝地，龙穴天成。林深处，古木苍苍不知夏；云顶上，枫树如花似天栽；峰腰中，竹色如绸缀仙境。幽泉翠谷常伴鸟语花香，好一派原生态南国丛林胜景！

一段残存3000多级台阶的古驿道，流传"九驴十八挑"藏宝传说。树海竹洋迷宫曲径通幽，八仙化身神石栩栩如生，棋盘中车、马、炮、帅残局犹在，观音阁、骑虎将军庙、"千年一吻"天缘洞、无底洞、龙船石、出米石、男童女婢墓、红军坪、土匪窝、玉狮头、石虎山、寒谷关、天目池、官帽石、一线天等20个景点，景景秀丽，故事新奇。

攀上山顶，空气格外清新，林中掩映的德利生态茶园更是一处不可多得的风景。走近山峦，却见树木繁茂，大叶乔木夹杂众多小灌木，占地600多亩的德利生态茶园错落林间。山风吹送，如风拂水面，翠绿的茶园起了波澜，茶树轻摇，嫩芽微晃，和着林涛，泛着光影，诗情画意十足。

半原始森林中的茶园，采用有机无公害栽培种植技术，传统精细的制

作工艺，南靖德利生态农场十几年坚持一步步深耕，由小到大，创出"冠钧"品牌。"冠钧"蜜香红茶因为带有独特的果香和蜜香而独树一帜，远销北京、上海、广州、济南、南昌、厦门等地，甚至被视为台湾高山茶，深受台湾民众欢迎。

1960年出生于台湾新北市的曾武宾，20世纪末到厦门经商，偶闻朋友介绍，南靖生态环境极佳，遂于2004年来到船场考察，很快就被八仙围棋山吸引，毅然决然在坑头村创业。他注册南靖德利生态农场，种植100多亩台湾软枝乌龙茶，实行精致化管理，全部施用有机肥，不喷农药，仅春、冬两季采茶，完全手工采摘茶叶，采摘时每芽仅取两三片嫩叶。严格控制加工工艺，晒布晾干，杀菌、发酵机械作业，采摘、制作过程茶叶不直接接触地面，确保卫生。

软枝乌龙在台湾茶界的地位，相当于纯种大红袍之于岩茶，著名的梨山茶、大禹岭茶也属这个品种。曾武宾埋头做事，苦心经营，默默地成就事业。管理方面，他奉行有机肥为先的原则，利用林中落叶，充分滋养土壤，松软土壤。茶园喷灌设施完备，所用水源为山涧中的清澈泉水，加之茶园森林环抱，雾气大，湿度高，给茶园提供充沛的养分，所以茶青具有肥厚、柔软、嫩性高三大特质，属南靖县最高标准的茶园。

蜜香红茶源于台湾，必须采用嫩度很高的茶青，因此制作成本高于以昂贵著称的梨山茶和大禹岭茶。曾武宾生产的"冠钧"蜜香红茶，特殊的地

坑头高山冠钧茶

方在于鲜味原料要求有绿叶蝉（浮尘子）的噬咬，在制作过程中，小绿叶蝉分泌的唾液与茶叶中的多酚和酶物质发生奇妙反应，进而产生特殊的花蜜芬芳——小绿叶蝉噬咬的程度，与香气表现呈正相关。为了保证小绿叶蝉的繁殖，德利生态茶园严禁使用任何农药产品，因此，蜜香红茶是各个红茶种中唯一先天性要求有机种植的茶类。曾武宾追求制作国内一流红茶的目标，奉行少而精的哲学，虽然仅每年四月采摘、加工，鲜叶嫩度高，产量较低，但他结合充沛的有机肥，优质的茶青原料，因而"冠钧"蜜香红茶具有悠扬迷人的花蜜香，醇厚而鲜爽的滋味，宛如香槟的美丽汤色以及令人上瘾的品饮体验。

"冠钧"乌龙选用软枝乌龙茶青原料精心制作，刻意地从嫩度高的原料（中小开面）开始采制，纯按手工采摘，并按一芽两三叶的标准进行。在采制环节，农场专人对采摘质量进行把控，保证手采也能获得均匀度高，便于制作的优质原料。高嫩度意味着更丰富的内质，更强烈的回甘以及一流的耐力，却对发酵制作要求更高。曾武宾遵照台湾乌龙晒青、室

内萎凋、搅拌（摇青）、闷堆发酵、炒青、揉捻、包揉、烘干等一系列作业，其中手工包揉工序耗费超过 13 个小时，最终使成品呈现出完美的半球状，展露鲜明的特征，耐泡力极强，回甘浓烈，茶汤口感丰富刚猛，获得国内专业茶友圈的高度认同。

　　一款卓越的"冠钧"炭焙乌龙，在毛茶制作阶段，就特意提升发酵度，使茶性更温和，表现更厚重的味道和强劲的回甘，同时在外观上体现金黄的美丽汤色。此外，炭焙方面的工序堪称繁复——_轮的精制，都必须在晚间进行，每隔 1 个小时，就必须亲尝香气和口感方面的变化，每一轮的焙制，都需要耗费 12 个小时左右。一轮焙制完成之后，茶品需要在 10 — 15 无环境下自然退火，直到_个月后进行第二次复焙。长时间地进行低温、慢慢烘烤，茶叶中的杂异味去除殆尽，清新的花香自然转化为优雅迷人的果香。如此苛

严制作的冠钧炭焙乌龙，以果香悠长、口感温和厚重、回味强劲而持久著称，尤其适合胃寒人士品饮。又因其在清香型的基础上进行多轮烘烤，极富营养和保健价值，成功地进入工商界，获得广泛赞誉。

　　曾武宾把高山生态茶做到极致，没有采取市场上通行的几克小袋装，而是 125 克铁罐装，目的

是为了环保，减少塑料污染。我按照包装罐上"得闲时间，好好喝茶"，品鉴"冠钧"茶时，感到舌底生津，别有一番韵味，仔细端详说明："台湾高山茶之所以迷人，正是其冲泡后，久久不散的茶香气韵及耐人寻味的回甘口感，喝上一杯自有一种天人合一、气贯心灵的感觉，让人心旷神怡，是现代的时尚茶饮新宠"。不由问曾武宾缘由，曾武宾告诉我：

"铁观音凭香气，乌龙茶喝喉底。一般乌龙茶大叶片，而软枝乌龙小叶 5 厘米左右，手工摘采的嫩芽比较娇气，才有这味道。"

"难怪包装罐上写'赏味良物'，原来'冠钧'茶'味'真值得品赏！"我发出赞叹。

"我以黄豆为主料，600 多亩茶园，每年施用有机肥将近 50 吨。为运输方便，修通八仙围棋山 3 公里水泥路，本可四季产茶，却只采两季。全年雇用坑头和邻近的张坑、笔峰村民 500 人以上，产茶不过 7000 公斤，高标准、高投入才换来高品质。"

我终于明白有人说曾武宾性情怪异的原因了，曾武宾不是不懂市场规律，而是以农场为家，努力经营生态茶园，专心培育茶文化。身为县台商协会会员的他，要为南靖、漳州创立有机茶业品牌。

坑头村旅游资源丰富，文化底蕴深厚，风景迷人，生态旅游开发潜力大，今年 8 月又被列为省级传统村落。坑头村正在加大基础设施建设力度，做好宣传工作，吸引更多游客旅游观光，德利生态茶园以制作优质生态茶作为核心目标洞时也致力于建设花园式的现代生态茶园，已套种数千棵樱花、针柏等名贵树种，并进一步完善观光道、花卉、果木种植，最终形成茶、花、果、木和景观一体化的美丽茶园。

远离城市的喧嚣，远离世俗的浮华，这里有一片心灵的净土。古朴的山庄在这里静养，峻秀的岩石在这里休憩，静谧的丛林在这里呟吸……美丽的八仙围棋山、德利生态茶园展现在世人面前，成为海西生态旅游、乡村游的又一个亮点。

土楼红美人

◎老 皮

耳闻"土楼红美人"已久。终于，等来了亲近的机会。八月中旬，林语堂文学院组织邀请了十几位作家走进南靖开展文学采风活动，我有幸身列其中。根据采风活动的行程安排，我恰好是负责专访"土楼红美人"。这不能不说是冥冥之中的一种契机。在我多年来对于一些品牌茗茶的追访中，"土楼红美人"一直是悬于我内心的一个念想。

在行走中陷入对某一念想的追忆时，脚下的路变窄了，海拔也逐渐提升。这里是南靖县梅林镇。一提到南靖，人们会不由自主地想到那些神话般的山地建筑——福建南靖土楼。南靖土楼声名远扬，而在土楼的周边，更是潜藏着许多茶叶产区。车子沿着陡峭的山路蜿蜒而上，如同穿梭在一幅灵动的画卷之中。我们爬行的山路尽头，正是福建汇全茶业开发有限公司梅林生态有机茶场基地。

站在山上瞭望，这里群山环抱，一片片茶园从山坡蔓延开去，顺着山势，一山延至另一山。漫山遍野的茶，延绵起伏的绿，让人看不到边际。放眼高山茶园，丘陵起伏，云蒸霞蔚，茶树层层叠叠，似诗行爬上山岭，流向山坳，到处是一片生机盎然的景象。

在汇全有机茶场基地的"汇全阁"，汇全茶业总经理苏雪健女士与到访的作家杯茶言欢，摆开了茶话的龙门阵。据介绍，土楼红美人是汇全茶业的主打品牌。企业创建于 2002 年，目前在南靖土楼周边拥有无公害认证茶叶基地 12000 亩，有机茶认证茶叶基地 300 亩。茶园中心有个高山湖泊，山顶、山下保留着原生态森林，有着适宜茶树生长的独特环境，茶树种植于湖泊四周的山坡上，光照充足。茶园依自然农法种植，杜绝使用农药、化肥、除草剂等有害物品，任由茶树近似野生的状态生长，充分地保留了原生态植被。

高山流水遇知音，好茶需要深切地品味。泡一壶茶，在淡淡的茶香中，浅斟慢饮，远离喧嚣，只享受属于朋友间的那份默契和真诚，实在是惬意。茶是天地人和之物，冲泡后倒入杯中，茶香扑鼻而来。悠然品茗，仿佛是在寻找一种世外淡然的心境，让灵魂如缕缕茶香，随烟轻扬，以一颗无尘的心，去感悟生命的本真，去对待生活的所有。

中国是茶的故乡，也是茶文化的发源地。中国人饮茶，以及对茶的发现和利用，据说始于神农时代，兴于唐朝，盛于宋代，普及于明清，已有近五千年的历史。直到现在，茶仍旧是中华民族的举国之饮。同时，茶已成为全世界最受欢迎、最 * 化、最有益于身心健康的绿色饮品。在历史进程中，中国茶文俸渐糅合了佛、儒、道诸派思想，独成一体，形成了中国文化中的一朵奇葩。

茶文化的精神内涵，最早当属于一种礼节现象。中国历来是礼仪之邦，礼在中国古代用于定亲疏，决嫌疑，别同异，明是非。人们饮茶，注重的是一个"品"字，凡来了客人，沏茶、敬茶的礼仪是必不可少的。茶文化即是通过沏茶、赏茶、闻茶、饮茶、品茶等礼仪习俗和中华文化内涵相结合而形成的。当然了，种茶、饮茶不等于就有了茶文化，而仅是茶文化形成的前提条件。茶文化还必须有文人的参与和文化的内涵。唐代陆羽所著《茶经》就系统地总结了唐代以及唐以前茶叶生产、饮用的经验，提出了"精行俭德"的茶道精神。

那时，陆羽等一批文化人都非常重视茶的精神享受和道德规范，讲究饮茶用具、饮茶用水和煮茶艺术，并与佛、儒、道诸派哲学思想交融，逐渐使人们进入他们的精神领域。陆羽《茶经》所倡导的"饮茶之道"实际上是一种艺术性的饮茶，它包括鉴茶、选水、赏器、取火、炙茶、碾末、烧水等一系列的程序、礼法、规则，从而奠定中国茶文化的基础。在古代一些士大夫和文人雅士的饮茶过程中，他们其实不图止渴、消食、提神等茶叶本身的功效，而更在乎导引人的精神步入超凡脱俗之境界并完成品格修养。由此可见，茶是文人精神世界的慰藉，如果没有千百年来的岁月沉淀，没有历代文人的风骨熏陶，没有寻常百姓的人情滋养，是不可能形成茶文化的。

民间的自然传承是茶文化最肥沃的土壤。汇全茶业总经理苏雪健女士从小就看着妈妈迎来送往地冲泡乌龙茶待客，耳濡目染地感受到，在闽南，泡茶就是生活中一种必须具备的普通

土楼红美人

的生活礼仪，而喝茶就如同每天的吃饭、穿衣一样，也是必需而平常的。那时，她并没有意料到自己以后的人生会与茶结缘，并为之做成了一番大事业。

记得台湾茶界名家詹勋华曾经说过："现在人说茶涩、苦、甜、酸，这本来就是茶的味道，如果还要专门去管这些粗浅的味道，就是只看到眼前的大树，其实你在森林里面，喝茶是让刹那间整片森林从你鼻腔经过。"我非常认同这说法，尤其是把喝茶时的感觉比喻为"整片森林从你鼻腔经过，"简直就是一首美妙的诗。也确实，生机盎然，茶园才会有森林的味道；含英咀华，好茶才能回甘绵长，沁人心脾。

在汇全阁喝茶，木屋之外，映入眼帘的即是漫山遍野的茶色。汇全阁就在茶园中。山顶和山下的原生态森林依偎着茶园，在蓝天白云的映衬下如绿色绸缎般丝光顺滑，延绵起伏。茶园，因淳朴而自然，因自然而深厚。安静山谷间的蝉鸣和鸟叫声，仿佛天籁一般的乡村音乐。看着茶青，听着鸟鸣，闻着茶香，品着"土楼红美人"。人生至欢，不过如此。

捧一杯清茶，任幽香冲去了浮尘，于茶的意韵中，寻找浮浮沉沉的人生滋味。土楼与茶相伴，有着岁月沉淀后的平静与追忆。尤其是，在与苏雪健女士的交谈中，可以感觉到她身上内敛的宁静与纯真的高雅气质，那一份洒脱，那一份超然，也让我深感人生如茶。内心里，我更愿意把苏雪健女士当成"土楼红美人"的化身。

　　人茶合一，本身即是茶文化的内涵，对于茶文化精神素质的修养起到了至关重要的作用。人的精神气质与茶艺的结合，是茶道的呈现方式之一。中国茶道历来讲究六境之美，即茶叶、茶水、火候、茶具、茶人、环境。宋代茶艺在品茗过程中就提倡要遵循"三不"的法则，"三不"内容为：茶不新、泉不甘、器不洁，为一不；环境不好、茶人不佳，为一不；品茶者缺乏教养举止粗鲁又为一不。遇到这些情形，最好不作艺术的品饮，以免败兴。

　　茶文化意为饮茶活动过程中形成的文化特征，包括茶德、茶精神、茶道、茶学、茶艺以及与茶相关的琴棋书画等。中国各地对茶的配制也是多种多样的，并且随着社会的变革和发展，茶文化不断地被赋予新的内容，和各地民众生活中的习俗与形式相融合，形成了各类具中国特色的文化现象。

　　"土楼红美人"是南靖土楼周边茶叶产区生产的红茶的雅称，也是汇全茶业公司创建的茶文化品牌。"土楼红美人"的开发研制者苏雪健女士说，

之所以命名为"红美人"，是因为这茶给人的感觉温婉、清丽，就像一位美人。

"土楼红美人"产于世遗土楼云水谣畔之山巅，这片三百亩的茶园就在土楼边上，距离云水谣只有十多公里，是汇全茶业的生态有机认证茶园。世界文化遗产的南靖土楼，是以生态环境优越而著称的。而汇全茶业正是借鉴生态管理的方法，坚持匠人精神，以自然农法种茶、制茶，保证每一片茶叶纯粹天然，拒绝污染，对于保护环境保护水源也十分有益。这种管理办法做出来的茶，具有独特的花蜜香、熟果韵，十分耐冲泡，余韵悠长。

诗意的名字是值得回味的。南靖山多林密，降水充沛，生物群落多样，造就了独特的茶叶品质。喝着"土楼红美人"，站在高处俯瞰山下纷繁的世界，这也让我们有了一个重新审视自己的机会，让我们暂时脱离喧嚣的尘世生活，回归于简单宁静的内心。

茶文化以茶为载体。众所周知，中国是茶的发源地，而世界上许多地方的饮茶习惯，其实也都是从中国传过去的。在中国古代文献中，很早便有了关于茶文化对外交流的记载。中国的茶早在西汉时便传到国外，汉武帝时曾派使者出使印度支那半岛，所带的物品中除黄金、锦帛外，还有茶叶。南北朝时齐武帝永明年间，中国茶叶随出口的丝绸、瓷器传到了土耳其。唐顺宗永贞元年（805），中国茶叶东渡日本。又因唐代陆羽《茶经》的广为流传，尔后，茶叶从中国不断传往世界各地，使许多国家开始种茶，并且有了饮茶的习惯。茶之所以如此受欢迎，是因为饮茶的

真谛，在于启发智能与良知，使人在日常生活中俭德行事，淡泊明志，臻于真、善、美的境界。

　　在汇全阁，我一一品尝了汇全茗茶的五种主打产品：土楼黄金乌、土楼红美人、蜜香红乌龙、东方美人茶、玉芙蓉。这五款茶都是采摘受小绿叶蝉叮食过的茶青制成。不同的工艺，创造出变幻多姿的蜜韵，汤色晶莹剔透，对比品饮，趣味无穷。这些"土楼红美人"，茶叶采自芽尖，由炒茶师全程手工炒制，全发酵，采摘的鲜叶经萎凋、揉捻、发酵完成后，再用带有松柴余烟的炭火烘干，经过几十道工序的精心制作，除了在味觉上散发出一股迷人的花蜜香、熟果韵之外，其品质主要得力于高山云雾等天然气候和生态环境的滋润孕育，得力于自然农法种植以及传统的纯手工制作，更得力于和当

地的土楼文化的相互融合，这才造就了"土楼红美人"清醇甘鲜的旷世风味。

　　好山好水出好茶，好茶是自然滋润的灵物。在南靖梅林高山茶园中的汇全阁品茗，周遭环境清幽雅致，与茶道倡导的内心平静、意念集中、修身养性的精神与禅道的静悟静思静修是不谋而合的。汇全阁的木刻对联上写着"汇全高山云雾质，茗溢梅林晨露香"，从中

土楼红美人

也可以品味出，在物欲横流的尘世里，人更需要一份淡泊的心境，谢绝繁华，回归简朴。品茶，即是从清淡的茶水里，去品味人生滋味。品的是茶，静的是心，对人生也是进行了一次感悟与洗礼。

一盏清茶，不必惊艳时光，却可温柔岁月。总有些故事，温厚如茶。茶毕，杯盏之中余香仍留。据了解，南靖县现有茶园面积近13万亩，年产量2万多吨，产值16亿元以上，品种有铁观音、丹桂等20多个，素有闽南乌龙茶区"品种园"美称，是"福建十大产茶县"之一。而作为省级农业产业化龙头企业的汇全茗茶，其精心研制的"土楼红美人"更是独领风骚，真的就如同土楼深闺里走出的美人，天生丽质，风姿温润，气韵高雅。

如今，人们在艺术品茗的过程中，总会自觉地将宋代圆悟克勤禅师提出的"禅茶一味"作为一种智慧的思维。禅，原本是佛教中的一种修为，禅与茶糅合为"禅茶"之后，便开拓出了独特的超越途径。由一片小小的茶叶，承载起了人的一种文明并成为了渗透于人们的世界观、人生观、道德观以及全方位观察生活、思考生命的禅修方式。因此我相信，我们所说的茶文化，即是人间最为博大精深的"生活禅"。

其实，关注茶文化，无非就两个动作：泡茶与喝茶。泡茶不过两种呈现：浮、沉。喝茶不过两种姿态：拿起、放下。只是，更多的内涵，我无法洞彻。仿佛走出深闺的"土楼红美人"，依旧没有撩开神秘的面纱。

清香飘逸的实业

◎许初鸣

　　群山连绵，拥翠叠绿。一畦畦翠绿的茶树顺着山势蜿蜒起伏、连绵延伸，逐层环绕着每一座山头，一圈套着一圈，那线条之流畅、构图之美妙难以用文字描述出来。我们站在九龙江西溪之源葛竹茶园的瞭望台上极目眺望，蓝天白云之下，目之所及全是茶园。同行的赖先生是文友公认的走南闯北、见多识广者，他说，他见过茶园，但没见过这么广阔的茶园。我说，我见过茶园，但没见过这么美丽的茶园。

　　这片一望无际的茶园位于南靖县的西南角，分布着三个行政村，葛竹、金竹和高港。漳州母亲河九龙江有西溪和北溪两条干流，西溪由龙山溪和船场溪两条主要支流汇合而成，而葛竹就是船场溪的发源地。船场溪从这里流向船场镇下山村与书洋镇双峰村的交界处，形成树海瀑布，流向梅林镇，在长教形成闻名遐迩的云水谣景区，再流向奎洋、船场，形成南一、南二、南三水库，而后在靖城镇与龙山溪汇为西溪，继续浩浩荡荡向东奔流而去，成了我们在漳州市区看到的南门溪。此时，我们就站在九龙江西溪的源头。要

清香飘逸的实业

说九龙江母亲河滋润了漳州大地，哺育了漳州人民，首先是滋润了这里吸人眼球的茶园，孕育了这些沁人仁、脾的名茶。在母亲河的源头地区，我们拜访了三家各具特色的茶业企业，都是这种清香飘逸、令人神往的实业。

高竹金观音茶叶专业合作社董事长赖玉春，是九龙江西溪源头葛竹村人，出身于茶业世家。她当过 10 多年的乡村教师，那天穿着白底黑花的旗袍，浑身散发着娴静优雅的气质。她介绍说，"我们高竹地区包括高港、葛竹和金竹三个村落，海拔在 800 — 1400 米，因为海拔较高，常年烟雨蒙蒙，云雾弥漫，年均雾日在 240 天左右，气候温和，年均气温 11.2 龙，年均降水量 1600 — 2900 毫米，且土层深厚肥沃，有机质含量丰富，是茶叶生长的洞天福地，种出的茶叶条索紧细，内质优良，清香馥郁，饮后回味无穷。"

葛竹种植茶叶有着悠久的历史，自从清雍正年间被敕封为翰林院庶吉士的葛竹人赖翰顺从外地引进茶叶后至今已历 300 多个春秋。然而，由于山高路远等原因，葛竹的茶业一直没有兴盛起来。改革开放给葛竹茶业带来了春天。作为翰林府派下第八代制茶传人，村民赖甲乙潜心研究制茶技艺，建立起葛竹村第一家茶场。他制作加工的茶叶在 20 世纪 80 年代的龙溪地区（地改市后为漳州市）多次被评为"特级铁观音"，享誉闽南地区。当时一个青壮年一天的劳动报酬是 1.5 元，但被尊称为"老艺仙"的赖甲乙所制作的茶叶 1 千克可以卖到 60 多元，取得很好的经济效益。高竹金观音的卓越品质由此产生了。

2000 年濑甲乙的女儿赖玉春从年近八旬的父亲手中接过衣钵，由乡村教师转型成了企业经理。赖玉春深感肩上担子的沉重，因为她承担的不仅是一个家族的使命，更是一个地区茶叶发展的使命。她专心致志地投入到茶叶生产制作营销的研究中，考取了国家级高级评茶师。为带动葛竹村民走上致富路，她日夜操劳、四处奔波，经过不懈努力，建立起高竹金观音茶叶专业合作社。这个合作社现有成员 109 个、合作农户 1000 多户，拥有茶园 1.2 万亩，年产茶叶 500 多万公斤。合作社不断壮大，注册成立了"漳州市高竹茶叶有

限公司"，并于 2013 年投资兴建一座面积 1200 平方米的高标准生产厂房。如今，她主持管理的这个合作社成为福建省级农民合作社示范社、南靖县农业产业化龙头企业，合作社的茶园成为全国最美三十座茶园之一、农业部优质产品开发服务中心生产示范基地联络点。

　　赖玉春可以告慰她的祖先赖翰颙了，她无愧于"老艺仙"赖甲乙衣钵的传承人和翰林府派下第九代制茶传人的称号。那天，她兴致勃勃地带领我们去瞻仰葛竹村的赖氏宗祠，向我们详尽讲解介绍她祖先的"祖德宗功"，既是表达对祖先的崇敬，也是表明自己无愧祖先的心迹。而作为旁观者，我对眼前这位带领乡亲们劳动致富的企业家更是肃然起敬，因为这是现实中活生生的英杰啊。

　　我们参观了高竹金观音茶叶专业合作社的茶叶加工制作厂房，沁人心脾的清香扑鼻而来。中国是茶的故乡，制茶、饮茶已有几千年历史，名品荟萃。"一盏清茗酬知音"，知己相逢，嘉宾雅集，品茶、待客是中国个人高雅的娱乐和社交活动，坐茶馆、茶话会则是中国人社会性群体茶艺活动。中国茶

清香飘逸的实业

艺、茶文化在世界享有盛誉。我们的乡贤林语堂在他那部曾经高居美国畅销书榜首52周的著作《生活的艺术》的第九章中专门写了一节"茶和交友"，认为"茶永远是智慧的人们的饮料"，还提出著名的"三泡说"，说第一泡如幼女，第二泡为十六岁女郎，第三泡则是少妇，比喻生动有趣。在所有的实业中，茶业特别富于文化韵味。这是一个清香飘逸的实业。

那天我们采访的另一家茶业企业是福建土楼泓净茶业有限公司。泓净茶业有限公司董事长王静辉还不到而立之年，虽然外表似乎有点瘦弱单薄，却浑身焕发着青春的活力。他的口号是：让家乡的茶叶"抱团"发力。与传统企业家的最大不同是，他把互联网思维注入了企业运作。王静辉是与葛竹村相邻的金竹村人，在大学里读的是经贸外语。2013年大学毕业回到故乡，他看到茶园自然条件优越，茶叶原料很好，家乡的父老乡亲却"各自为战"，缺乏"抱团"意识，缺乏品牌意识，因而做出来的茶叶品质不一。再加上市场信息不灵，采购商经常有意联手压低收购价格，茶农处于产业链的最底端，干着最辛苦的活儿却赚着最少的钱。从小看着茶园、闻着茶香长大的他在思索能否采用"公司＋合作社＋农户"的模式再造家乡茶叶，是否可以通过"定制"的途径，让客户在茶叶还没生产的时候就先把茶订走，预付订金，而在茶叶包装上融入企业品牌文化，显示产品个性。

2014年10月，王静辉牵头建立泓净茶叶专业合作社，希望搭建一个沟通茶农与市场的平台，借力外部资源提升茶叶质量，引导茶农树

立标准化、品牌化意识，走"定制""众筹"的路子，提升家乡茶叶的综合竞争力。然而开始时村民们对这种异想天开的思路并不看好。王静辉先说服一些熟识的乡亲按照他的要求生产安全茶叶，例如不喷除草剂、化学农药改为生物农药等，成本增加部分由合作社进行补贴。再将产出的每一批次的茶叶送到权威机构检测，给客户寄样品时附上检测报告，很快就接获了一些企业订单。王静辉带着家乡的茶叶到北京开展"众筹"活动，现场讲解项目运作过程、可行性分析、远景规划以及预期效果，当场就有十几家大企业参与众筹。王静辉一下子拿到100多万元的订单。茶农们在采茶前就拿到订金，生产没压力，销路有保障，制茶品质也提高了。目前，泓净茶叶合作社已有定制合作的企业近30家。王静辉的创新得到乡亲们的肯定，得到市场的认可，也受到社会的赞许。他的"基于互联网思维和社群经济模式下的安全可信任茶叶"项目，在第二届福建省青年创新创业大赛漳州赛区预选赛上荣获涉农组一等奖。

在泓净茶园里，我们看到许多牌匾。那块综合性的牌匾展示着参与合作的企业简介文字和企业负责人照片，有来自北京、上海，还有来自武汉、

清香飘逸的实业

青岛等地的企业，其中有不少是全国知名企业。有一块牌匾是上海斯丹赛生物技术有限公司竖立的，上面镌刻着"肖磊家的茶园"几个大字。王静辉告诉我们，以后这个茶园出产的茶叶外包装上就会印上"肖磊家的茶园"这样富有个性特色的字样。上海斯丹赛公司的肖老板也会随时带人从上海来这里"视察"他的茶园，并在九龙江西溪之源这个山清水秀、世外桃源般的偏远山村休闲度假。这就是农户和企业以及整个社会的多赢。

在泓净茶园里，我们还看到许多黄色的纸板，就问王静辉这是什么"新式武器"。他告诉我们这是用来粘害虫的，用这种方法杀虫，不用农药，就可以保护母亲河的源头，可以保证茶叶的生态安全、绿色品质。2017年3月，来自澳大利亚、美国等国家的农业科学家32人在福建农林大学杨广教授带领下，参观考察他们的茶园，授牌给他们作为"亚热带作物害虫生态防控（111计划）创新引智项目研究与示范基地"。

2017年春天，南靖县南坑镇在葛竹村举办第一届枳实花节，作为泓净茶叶专业合作社理事长的王静辉就迎来参与"众筹""定制"的各地许多企业的朋友。泓净正敞开胸怀，欢迎更多的茶农加入到合作社，为家乡茶叶的转型升级抱团发力，也欢迎更多的企业参与"众筹""定制"，利用他们的渠道把南靖的茶叶推向更远、更大的市场。

我们采访的第三家企业叫福星茶业开发有限公司。这家公司就傍着闻名遐迩的自然景观树海瀑布，天生具有自然地理优势。因此，把茶业与旅游业紧密结合、融为一体，就成了这家公司最大的特点，也是最大的亮点。

九龙江西溪上游船场溪从葛竹发源后向北奔去，来到船场镇下山村与书洋镇双峰村的交界处，形成一个大瀑布，宽40多米，高20多米，如一道白练从峡谷上方飞流直下，飞泻入涧，飞珠溅玉，水声震耳欲聋，气势磅礴。涧下潭水墨绿，怪石密布，在日光的照耀下波光粼粼，姿态万千。周边百十公里树海茂密，郁郁葱葱，称为"树海"，名不虚传。树海瀑布被誉为"华东黄果树"。瀑布往下就流向世界文化遗产地南靖土楼，长教"云水谣"景区的水就是来自葛竹源头，来自树海瀑布。

福星茶业开发有限公司创办于 2004 年 12 月，拥有茶园 1280 亩，4100 平方米的标准化厂房，拥有两条先进的茶叶加工生产线，融茶叶种植、生产、加工、销售、科研为一体。福星公司利用位于树海瀑布这一得天独厚的优势，开发出"树海瀑雾"这一特有品牌的茶叶，其商标连续 6 年荣获漳州市知名商标，并通过绿色食品、有机产品认证和全国工业产品生产许可证 JS09001-2000 国际质量管理体系认证。还有 2006 年"人文中国茶香世界"中国茶文化宣传活动组委会在北京举办的"首届中华名茶"乌龙茶类优质奖、漳州市首届"新城杯"茶王赛银奖，还有第十届漳州海峡两岸花卉博览会、2008 年台湾农产品博览会、第二届中国蘑菇节农产品畅销产品奖，还有福建省名牌农产品、福建省优质茶、两届南靖县"凤翔土楼茶都杯"茶王赛浓香型铁观

音茶王、土楼工夫红茶茶王金奖；第十五届中国绿色食品博览会金奖；第八届海峡论坛暨第三届海峡（漳州）茶会茶王赛红茶金奖；第九届海峡论坛暨第四届海峡（漳州）茶会两岸茶王赛红茶金奖等，奖状奖牌挂满公司的墙面。

福星公司在开发树海瀑雾茶的同时，建设树海瀑雾茶庄园。基地茶园与农家山庄融为一体。树海瀑雾茶庄园内建有云峰阁、鸣翠亭等别具一格的精美建筑，云峰阁底层是休闲娱乐场所，二

清香飘逸的实业

层是可供游客留宿的客房，鸣翠亭地处茶园制高点，是观赏远山近水的观景台。庄园内有果蔬创作区、茶叶品种展示区、土楼民俗体验区、生态养殖区、休闲垂钓区、休闲游泳池等特色休闲生态配套服务区域，长近 2 公里的休闲观光步道在庄园内蜿蜒伸展。

这个以茶为主题的庄园，既可以让消费者来此对茶产品进行深度了解和体验，提高消费者对产品的认同度，加深消费者对品牌的黏着度，还可以让更多游客来此进行农业生态观光游，参观茶园，体验茶业，品尝香茗，观赏瀑布，游览土楼，活动内容丰富多彩。

在南靖县九龙江西溪之源采风，我们不仅大饱眼福，观赏到如诗如画的茶园，还呼吸到散发着江源泥土气息的空气，而且深入感受了这个渗透中国传统文化、清香飘逸的实业。

初　心

◎朱向青

　　这是一片绿的世界。山连着山，树连着树。山有个很好听的名字，叫云朵山。天空一片湛蓝，仿若一切重新开始，云儿舞着素朵，一朵一朵绽放。大片大片无边的蜿蜒的绿铺天盖地般涌来。远望，是一片茶海，成千上万的绿波暗暗浮动着；近看，是一株株青翠的茶苗，绿绿的叶儿藏着小小的苞。这里是南靖南坑镇葛竹村云朵山生态茶园，也有个很好听的名字，叫泓净。

　　我们在绿意中逡巡。这一片天和地是茶的，也是我们的。同来的村里的年轻人小王告诉我们，这座山海拔在1000米以上，常年光照充足，山上云雾缭绕，温暖湿润。又地处九龙江西溪源头，水量充沛，水质优良。茶树生长在这得天独厚的环境中，看青山与绿水，取天地之精华，吸收着大自然最美好的养料，自然鲜香嫩绿。想起茶圣陆羽在《茶经》里云："茶者，南方之嘉木也。"说明茶原产于南方。在南方碧绿的茶山之上，茶在生长，每

初
心

日与阳光和空气自由对话，与风雨雷电嬉戏，和落日朝霞偎依。这是茶的生命中令人神往的极致之美。中国被称为茶的故乡，不仅因为这里的土地孕育出世界最早的茶树，更因为这里的人们将茶视为一种沟通天地的生命。"茶"字不正是由"草"字头、"人"及"木"三伸粉合写而成吗？"人"在"草"之下，木之上，这也寓意人要回归大自然，在茶事劳动中去体悟自然的规律，又怎能不爱茶喝茶呢？

现在的我们正行走于草木之中，绿树之畔。经过一块"WiFi 茶园"，顾名思义，此块茶园的形状像"WiFi"的图标，依山而开垦的茶园一垄垄呈

波状分布在整个山谷，加之两条从茶山顶部通往谷底中心的山路把茶园分割成一块巨大的扇形。远远看去犹如无线网络的图标，因之取名为"WiFi 茶园"，十分有趣。小王一路上如数家珍般介绍：这是竹叶奇兰，这是大叶乌龙，这是丹桂，这是金萱……他特意指给我们看，铁观音茶"嫁给"黄金桂茶就产子"金观音"，喏，那一簇簇绿中稍带黄的就是金观音，以"形重如铁、美似观音"的品质特征而出名。细瞧金观音叶是椭圆或长椭圆的，叶色黄绿，芽叶色泽紫红，茸毛不多，嫩梢肥壮，春芽萌发期一般在三月上中旬。仿佛看到春天里采茶姑娘们飞快闪动着的灵巧手指，指尖轻触茶梗，摘下一片片张着笑脸的茶叶，篮子里装满了丰收的喜悦。

眼下却还是初秋时节。山回路转，前面出现一个土黄的小山坡。坡上，

一个草堂遥遥而卧。上坡近看旁边有块牌子：泓净草堂。还有一行小字：小坐一会儿，等风来。顿觉凉意扑面而来。进入这个简朴的仅覆盖着茅草和竹席的草堂，里边一张长方形的竹茶桌，几排竹凳，也是简简单单。这其实就和古时山区的茶亭一般。行人走了几公里的山路差不多累了，如有手提肩挑的，更是疲惫不堪，需要歇歇脚喝口茶，解解渴消消暑。每每喝了茶又吹了阵凉风，会顿感气松身舒，于是就与亭内其他休息者天南地北闲谈起来，有时还情不自禁地对起山歌来。据说有一过客在茶亭写下一对联："小憩为佳，请品数口绿茗去；归家何急，试对几曲山歌来。"好不惬意。我暗想此时此刻若有一大木桶茶，桶边置一两把鸭嘴状竹勺，随手舀上一勺大口喝下，一边观赏就近茶园的绿色和清凉，如此品茶，岂不美妙！

不料我这想法却被同行人笑了，说你这不叫"品茶"，叫"喝茶"。《红楼梦》中就曾道出"品"字诀：大口是喝，小口为品；"喝"是为了解渴，"品"的目的是享受，这是二者最大的区别啊。果然，我也记得红楼才女妙玉是这样描述"品"与"喝"的不同之处的。"不一时，只听得箫管悠扬，笙笛并发。正值风清气爽之时，那乐声穿林渡水而来，自然使人神怡心旷。宝玉先禁不住，拿起壶来斟了一杯，一口饮尽，复又斟上……"后来妙玉点拨宝玉："你虽吃的了，也没这些茶你糟蹋。岂不闻一杯为品，二杯即是解渴的蠢物，三杯便是饮驴了。你吃这一海便成什么？"原来一不小心还成"饮驴"了。小王提议，"我请大家山下品茶如何？"于是一行人走出草堂又从原路下山。

一路上仍是茶树相伴，一层又一层的茶树丛向山坡蔓延开去，茶尖在山中舒展。小王忍不住如夸耀自己的孩子般又说开了，茶树处处都是宝，相传我们的祖先神农氏遍尝百草，一日中七十二毒，后来吃到一种树上的叶子，毒才被解了，人还感到精神倍增，于是把这种树叫"茶"，也就是现在的茶树。这说明茶最早的发现是从药用开始的，人们一开始就认识到饮茶对人身体有好处，能抗老强身。你看这些茶籽，还可以榨成茶籽油，长期食用能延

初心

年益寿，还可以做出各种护肤品，具有洗发护发预防脱发等功效。茶树的好处，说初心也说不完啊。

到了一个山坳处，小王不顾我们品茶心急，执意要领我们拐弯进去。他说，"不远，走几步就到了。"登上山丘，豁然开朗，远望在一层层茶梯田之下，坐落着一座幽静的村庄，矗立的房屋，三五成群或连亘一排，安居于大地之上，现出　　种古朴的亲切的老家人的姿态。这就是小王的家乡——葛竹村。来前听过小王和村里几个年轻人回乡创办泓净茶业的故事，不由疑惑，"像你们这种年纪的大学生很多都向往大都市，为什么你们却在毕业后毅然选择回乡？"小王取下头上的斗笠，擦了把汗，望着远处的村庄，笑笑说："这里是养育我们的故乡，承载着我们童年所有的欢乐与忧愁，是我们无论走得多远都想回去的家园。土地需要更科学的管理，农民需要更多知识来丰富自己。我们想让父老乡亲在这片土地上获得有尊严的收入，我们想让大家喝到好喝又安全的茶。"

是啊，从故乡出发，从远方归来，不是衣锦还乡，而是愿倾己之力，保护生态，再造故乡。小王给我们看泓净茶业 LOGO 的设计理念：如茶的一缕清香，又似水光泛起的涟漪。其中告诫着我们不忘初心，像清泉一样干净无瑕，润泽他人。做一杯好茶亦该如此。

且吃茶去。据说品茶有三乐，一曰独品得神，一个人面对青山绿水，于品茗中心驰宏宇，神交自然，物我两忘，此一乐也；二曰对品得趣，两个知心朋友相对品茗，或无须多言即心心相通，此亦一乐也；三曰众品得慧，孔子曰，"三人行必有我师焉"，众人相聚品茶，相互启迪，亦同样是一大

乐事。

果真是"能以一叶之轻，牵众生之口者，唯茶是也"。现在我们就三三两两围坐于茶室，享受众品的乐趣。面前是号称"茶道六君子"的茶匙、茶针、茶漏、茶夹、茶食、茶筒。小王一边娴熟地用开水将茶壶、茶杯等淋洗一遍，据说这叫"暖壶"，目的在于发挥茶性，一边告诉我们，泓净茶业主要产出的有铁观音、金骏眉、云雾绿茶、茉莉花茶、白毫银针、普洱茶等。"我们先品品铁观音吧！"貌不惊人沉睡在梦里的茶叶，在打开茶筒盖子舀出一小勺时，淡香已悄然而袭。那香气，若有若无，却让人心生敬意。香不在多，可这是来自大自然里本色本真的香啊！只是^模样，已没有了当初挂在枝头的舒展翠绿。看起来茶条紧缩、卷曲，但依然令人心有敬意。想想在生命最为华美的时候，茶离开了生命之树，历经在烈日下的暴晒，炉里的烘烤，揉捻……诸多磨难之后，原本稚嫩柔软的叶片，变得干巴枯黄。然而，当它被轻轻一投，入杯内壶中，与自然之水相逢，一个新的它又诞生了。又开始了美丽生命的复活与再生之旅。

　　我相信茶的确是有生命的。但见小王将滚滚沸水高冲、低酌缓缓注入盏中与茶叶相拥的那一刻，茶叶被唤醒了！清澈的水，因茶而绿，碧绿的茶，因水而明。看起来那样细小纤弱、无足轻重的一片茶叶，当它与水融合，便释放出自己的一切，毫无保留地奉献出全部精华。可见"牺牲与奉献"，这就是茶的灵魂啊。茶经历了春夏秋冬，吸吮了天地精华，凝结成了适合采摘的一小片，不就是为了这一瞬间的美吗？而如茶般保持一份纯粹而奉献的初心，孜孜不倦于改变家乡父老传统的思想观念，以呼吁更多的人一起保护生态，再造故乡，小王他们也体验到了制茶品茶时由苦到甘的诸多波折和喜乐。这令我对眼前这几个从村里走出去又回来的年轻人也油然而生出一种敬意。而现在的他们却只是微微地笑着，虔诚地、专注地一个接着一个步骤泡好手中的茶。

　　一杯杯颜色翠绿、汤水清澈的热茶被同样虔诚地递到了我们的手中。茶汤尚烫，先杯沿接唇，小啜一口，让唇舌慢慢感受这期待已久的茶汤滋润，犹如久旱之喜逢甘露。茶香也开始慢慢地沁发出来，那是一种如兰般的天然的悠长的香气，慢慢地通过鼻子，通过唇间喉舌等其他通道，到达大脑，到达心，到达意念与幻思。果真是"盛来有佳色，咽罢余芳香"啊，我们渐渐地沉静下来。喝茶的确会让人静心，同来的一位老师傅在旁边说，"从前烧水可不像现在这么方便，以前是烧木头，一烧就要一两个小时，水煮好，再泡好茶已经两个多小时。这时你的心会异常安宁。茶本就喝的是一份居静，人们总爱先洗一遍茶叶的原因，就是将那些枝枝叶叶的杂物都洗掉，还原茶的本质。还有喝茶的整个过程有很多细节啊，你快不得，所以你的心就变得从容。你会回到一个很单纯的状态。看'禅'的混是'示'，右边是单纯的'单'，'禅'就是一颗单纯的心，单纯地表示。"禅不是在外面寻找什么东西，而是回归到自己单纯的状态。这就是禅茶一味的道理了。相传唐朝有一位高僧叫从捻，常住在赵州观音寺，人称赵州古佛。因嗜茶成癖，每说话之前总要说一句"吃茶去"，后来这句"吃茶去"就成了禅林法语。而曾任中国佛教协会会长的赵朴初先生也有诗云："七碗受至味，一壶得真趣。空持百千偈，不如吃茶去。"

所以有人说，煎煮一杯香茗，观察水沸茶滚，沫起香逸，看卷曲的翠毫在杯盏中浮沉，常常人就一起沉到了水里。思绪似乎跟着走过千山万水，长长岁月，慢慢涤荡胸臆，最后茶味由苦到甘到无味平淡，归于心灵上的从容、安寂，所谓的"始于忧勤，终于安逸理而后和"即是如此吧。

茶味渐渐淡了，我们又改喝红茶。红茶是暖的，汤色如琥珀，醇香绵绵。小王说，茶分绿茶、红茶、白茶、黄茶、青茶、黑茶、花草茶种种。茶不同，茶韵和茶味就不同。各有风情，慢慢品饮，听生命的精灵在杯水中浸润、张开、升腾和翻滚，卷曲而秀丽地呈现的声音。不知不觉日落在山，我们抬头一看天色已晚，说道，"太晚了该走了。"老师傅一看茶盘上尚有几杯散发着热气的香茶，神色认真地说，"可得喝完茶再走，不然就浪费了。泡好的茶是不能浪费的！"小王笑了，说，"来喝茶的不少，有很多人喝了一两口就走了。我心里真可惜啊，多好的茶就这样浪费了。你们是我遇到的能爱惜茶的人。"我心里也一动，是啊，好茶者首先得惜茶，连眼前的茶都可以随意丢弃或者敷衍了事，又怎可口口声声称自己喜欢茶呢？喝茶之前请先珍惜眼前的这杯茶吧。茶者，就是心之水，饮之畅灵。

珍惜茶，即为珍惜我们的初心。

茶香四季

◎徐 洁

　　喜欢茶，很有些年头了。

　　在我国相貌并不起眼的茶，拥有极崇高的地位。人们耳熟能详的柴米油盐酱醋茶、茶马古道、茶道、茶经、茶余饭后、茶园、茶坊、茶房等俗语、名词，多角度告知人们茶在生活中须臾不离的重要地位。红茶、白茶、绿茶、黑茶、黄茶、青茶等品种，足以告知人们茶家族的丰富与庞大。春茶、夏茶、秋茶、冬茶的生生不息，更是不言而喻茶生命的旺盛与繁茂……

　　早年，与茶联系并不亲密。只在闲暇时，颇有仪式做派地净手焚香，泡上一壶心仪的茉莉花茶，嗅着秀逸清雅的茶香，静静地看着一片片柔嫩的叶片，在杯中袅娜地旋转、翻腾、缓缓驻足杯底，柔柔沁吐丝丝馨香，心头有着清静、恬淡的安然。滚滚红尘，平淡如水的日子，便有馥郁的馨香萦绕……

在闽南生活久了，与茶的缘分，闪躲不开。茶，在闽南，犹如芳草绿遍天涯，无处不有无处不在。茶楼、茶室、茶房鳞次栉比，每家每户、街头巷尾、茶盘茶具随处可见。茶，是极普通待客的礼节，是商谈要事的媒介，是休闲放松的极好方式……不分高低贵贱，不分远近亲疏，不分喜怒哀乐，罔论莫逆之交，抑或是萍水相逢，只消一杯在握，便有四海之内皆兄弟的亲近与温和。于是，闲话家常，谈古论今，讨价还价，甚至理理过往恩怨……茶香氤氲里，各自的心愿就着淡雅的茶香，往往得以花开花落，云卷云舒，或者烟消云散……

茶，在人们心头和生活中的分量，可谓举足轻重。

然而，真正认识茶，缘于不久前造访南靖深山芳草连天的碧绿茶山。

骄阳下，采访车在崇山峻岭中十分努力地盘桓攀爬，原本碎石铺道的双行道渐渐成了杂草丛生、狭小逼仄的单行道，车窗外沟壑纵横，山高林密，苇草可劲儿疯长。两三个小时后，车终于在翠绿的山中停下。几乎所有的人除了惊叹还是惊叹，这是我平生所到的真正的深山。若问青山深深深几许？我的回答一定是：仿佛到了地球的内心。

这里，天空辽阔无边，方圆没有人烟，连飞鸟也少见，安详静谧0尽管七月的烈日炙热耀目，陶醉的同伴们还是纷纷临风张臂，感受凌空飘飘欲仙的飘逸。

这里，是植物的世界，茶的乐园。原本，佳茗独好险峰。沐风栉雨，撷日月精华，汲天地灵气，不食人间烟火，无意春秋冬夏，更无意花开花落。径自红尘跋涉，以一颗素雅之心，静待有缘的人儿将其采撷回家……

茶园年轻的女主人应是有缘人。或许前生有过相携青山的邀约？数年前，她走进大山，携手茶园，短短几年，研制的"土楼红美人"等诸多品牌茶闻名遐迩。

在这里，我平生第一次品尝到白茶。一壶取自山涧清泉的热水冲沏而下，一股馥郁的馨香弥漫开来，令人心头舒展，充满期待，茶沏入盅，只见

芽头肥壮，汤色黄绿清澈，柔润明净，十分可人。小心翼翼地双手擎杯，小啜一口，满口生津，淡雅鲜香，虽微苦却回甘，妙不可言。

　　主人告诉我：白茶，属微发酵茶，是我国六大传统名茶。采摘后，不经杀青或揉捻，只经晾晒或文火干燥。因其外形芽毫完整，满身披毫，如银似雪而得名。白茶性清凉，具有退热降火、养心保健之功效······

　　养心，清心。

　　"茶可清心，心清似玉"的诗句浮上心头。

　　饮茶，解渴、润喉是生存之基本需求。品茶，则大不同，咽下的是水，品的却是心······闲时，扫却杂念，平心静气泡杯清茶，细细感受香茗的缕缕芳香，端详袅袅茶烟，想想前尘往事，自由自在闲散地放飞魂灵，做最放松心的休闲······直至烟散茶凉，思绪拉回现实，一切复归原样，可心灵却有涅槃般的超然轻松······如此，茶，不应只是有灵性的植物，也应是娴雅不语的有情物，默默守候着天地间坚强而又脆弱的芸芸众生。

　　沉浸在绵绵遐思中，不知不觉已来到群山环抱的"情人山"，我惊喜地发现，心头缠绕的有情清茶的思绪竟与巍巍青山撞击出诗意的共鸣。

　　所谓"情人山"，位于书洋镇枫林村一带，与举世闻名的云水谣毗邻而居，是省休闲农业示范点，融休闲、垂钓、品茗、赏月观星等为一体的山野活动大观园。原本并无名姓，20世纪80年代，茶市兴起，有识之士开荒种茶。短短几年间，南靖县成为福建十大产茶县之一。有茶园面积12万亩，年产干毛茶2万吨，产值10多亿元。茶农开荒时，见山顶两棵参天大树浓荫如盖，是辛苦的茶农歇息纳凉的绝佳之地。茶农们感念老树的亲和庇护，亲切地称它们为"夫妻树"。远远望去，苍穹之下，无可依偎的茫茫山野下，苍劲包容的老树犹如宽厚慈祥的长者，格外温暖人心。"情人山"的名字，从乡人心中油然而生，风雅而又浪漫，迅速叫响。如今，风景秀丽的情人山拥有万亩茶园，孕育出土楼老茶"南壶香"等系列名茶品牌。远近闻名的"土楼老茶"便是"南壶香"的看家宝贝，老茶，是一种后发酵陈年老茶，选用深山无任何污染、树龄35年以上，海拔八九百米的老山茶树，每年清明时节采摘。经十八道传统加工手法制作，封至陶罐埋于谷仓，取恒温储藏多年，方才启封饮用。真可谓历经天上日月、山间清风、人工揉制、土陶谷仓和流年时光的深情塑造，风味功效自然不俗。其汤色红艳，口感浓香醇厚，芳香回甘，经久耐泡。暖胃祛火，保护血管，延年益寿。产品远销中国台湾、香港和新加坡、日本等地，是馈赠亲朋好友的上佳礼品。

此刻，我的手中，"南壶香"飘散着特有的淡淡花香，纤巧的叶片在晶莹剔透的茶器中缓缓翻腾飞旋，渐渐沉落静歇，像极了婀娜的舞者柔曼轻舞的秀姿……平素常听爱茶者说：好茶如美人，美人如好茶，三分茶，七分水，好茶还需好水泡，别的且不说，仅就此而言，真是有几分道理。出神地看茶和水的亲密相融，"王安石泡茶验水责东坡"的故事浮上心头，心下颇有感慨：想天地之大，凡事总有缘分，好山育好树，好水出好茶。茶与水的相遇，恰如人与人的缘分，或许也需前缘与修行，方可在最恰当的时候，相遇相识相携，走完最华美的生之历程

想到此，没来由地唏嘘不已：看似淡淡的一杯清茶，却积淀着多少无私的馈赠和恩情。那里，有山的孕育；那里，有水的精灵；那里，有日月的爱恋；那里，还有无边岁月的生生不息和辛勤人儿的滴滴血汗……

同伴见我自顾自地出神，走近搭讪道："真羡慕茶园主人，一生与青山绿水相伴，侍弄茶园，采制香茗，造福民众，真是其乐无穷。天天采茶喝

茶，尝尽四季；一生制茶喝茶，品尽人生。"

　　我惊讶于同伴精辟的感悟，内心感动不已。是的，有幸生活于秀丽的茶乡，饮茶，实在是人们平淡无奇的生活内容。多年来，早已习惯晨起饮茶、上班饮茶、渴时饮茶、累时饮茶、客来以茶相待……可谓天天与茶为伴，须臾不离，脉脉时光里，浅浅的茶盅，不知盛下多少荣辱悲欢、饮尽多少苦乐沧桑、寄予多少美丽的人生梦想……

　　伫立高山之巅，极目之处，茶海连绵。立秋后的茶园，没有春茶的新绿、少了夏茶的青葱，也没有冬茶的萧索，但多了一份生命强盛的厚实与苍郁。主人说：秋茶，是二十四节气立秋至白露之间采摘的茶，这时的茶，历经一夏酷暑的炙烤，它不像春茶娇嫩，也没有夏茶的干涩，其味道甘醇、浓郁、香美。好比我们人一样，经过炎炎苦夏的锤炼，当秋高气爽时，盛夏高消耗的身心，放松休整_番之后将进入更加蓬勃的生命状态。每当此时，人们总喜欢登高望远，感悟抒怀。同理，此时饮茶，也最适宜一个"品"字。

　　秋，向来是丰盛的季节、收获的季节，当然，也不乏悲秋情态。不承想，人间四季，竟也有特宜品茗的良辰美景时节。

　　人们常说：天人合一。的确，当令人烦躁难耐的暑热退去，惬意舒适地收拾恬淡的心情，闲而专注地沏上一壶香茶，将过往的一切，倾倒在滚沸的清泉与香叶之中，看缕缕茶烟袅袅飞升消散，在饮尽茶汤的一瞬，回味茗香，也回味一去不复返的人生时光，氤氲的茶香里，谁能说其间不曾浸润着生命的芬芳？

为了一杯纯净的梦想

◎林宝卿

洋顶为自古以来就是一座山的名字。

洋顶栄，如今是一个高档有机生态茶的品牌名称，更是一片"世外茶园"的风景。

不必讳W，我性"洋顶累"这三个汉字吸引而来的。也不必讳W，貌瞬茶且喝茶有年头的我第一^听说这个名称，以至于向人求教这三个汉字如何书写时必示我以吃惊的眼神。也不必讳言，中文系出身的我竟然要借助百度查询才弄懂"紫'字的读音和字义。

爱惜：北纬 24.5 度，海拔 1050 米

洋顶崇位于漳州市南靖县书洋镇，与世界遗产土楼群云水谣毗邻。当你在云水谣古老的鹅卵石小道上听着潺潺溪水声行走时，举头寻找游移在天边的白云的来路时，视野里那座最高的山，就是洋顶棠！

1050 米海拔的高山上，四季灵雾润泽萦绕，远离凡尘人烟喧嚣，蔓草

89

杂树自在地生长，涧水溪流自在地叮咚跳跃。野花开了，蝴蝶相邀来问候；野果熟了，鸟儿成群来会餐。就这样，天热了天冷了永无休止地一道道轮回循环着，几乎没有人类的脚印来打扰，憨憨地做着开辟鸿蒙宇宙洪荒的单纯的梦，生机蓬勃原生态，动物的，植物的，微生物的，自成一派天真烂漫。

这样的状态一直保持到2000年。

应该说上苍是垂青于这片土地的。云水谣的神秘和带给世人的惊喜，让这儿也接引到了世人的青睐。但有福气的这片土地，首先迎来的是一位特别善待土地的台湾人黄先生。台湾的农人们对土地那真是发自心底地爱惜啊，他们会在田间地头栽种些花草来装饰，就像打扮自己待字闺中的掌上明珠。

黄先生是台湾第三大茶商，他看到这里喜出望外：每一片草叶每一棵杂树都是天然的，绕过身旁的云絮如绕过心头的柔情——这是他寻寻觅觅的梦里情境吧？为了寻找到这样一块适合茶树生长的净土，光差旅费就花了几十万，终于找到了！他要在这里种上他喜爱的茶树，他用爱护家园一样的心对待这里，开垦山地时小心翼翼轻手轻脚，慢条斯理精心规划。那时，这里没有路，没有人烟，也许是太高了太荒芜了，也许是地处漳州和龙岩的交界，历史上从来是"两不管"的状态，因此还未有人对这里感兴趣。最近的村庄也在三公里之外。是的，感兴趣的人必是大气的人，上苍把这么美好的地方深藏起来，是专门等待有相同气场的人啊。

黄先生把这里像宝一样藏了起来，低调地运作了十余年。十余年来，这片茶山仅仅做了一件事：开垦土地，种植茶树，再慢慢地等待茶树成长。茶树苗全都是从台湾运来的世界顶级的冻顶乌龙品种。2000亩的山地，只用其中的800亩种茶，其余地方，任野草蔓长，随野树杂生。

每天清晨，阳光透过缭绕的白雾温柔地把茶树唤醒，茶心在清风拂过时轻轻展露出昨夜清凉纯净的梦——这真是美如梦境般的世界啊！鸟儿开始一天的欢唱和旅程，虫儿开始一天的忙碌与追逐，树啊草啊开始一天的认真生长，还有野生的动物们，如野猪、山兔、山鸡……开始了一天的嬉戏与生命律动。虽然还是一如既往地自在逍遥，不过自从有了茶树的入住，连这山间的生灵也有了不一般的意义：漫山遍野的绿和点缀其间的姹紫嫣红，繁茂或者凋落，花香还有果甜，都成了茶树最贴心的陪伴者和最美好的供养者—这里拒绝使用任何除草剂，野草爱怎么长就怎么长，实在长得喧宾夺主了，就用人工割草拔除，晒干，作为茶树的肥料。一季又一季时间的叠加，肥力越积越厚。

山洼处静静地卧着几口池塘，也在轻I臟拂中悠悠醒来，如镜的水面映着洁净薄透的日光。池塘的水汇聚满溢之后，流向只有一公里的南一水库。这里，是800多万厦门、漳州常住人口的水源地，干净得如同处子的眼眸。

真是"水清鱼读月，山静鸟谈天"的纯美意境。

茶树饿了，"朝饮木兰之坠露兮，夕餐秋菊之落英"；渴了，喝纯净叮咚的山泉水。为了让茶树佳人长得更健康更明媚，爱茶的黄老板不惜重金给茶树加餐加营养——红糖、豆浆、牛奶发酵，以此作为茶树的叶面肥。

这样捧在掌心地呵护了很多年后，鲜鲜嫩嫩的茶芽长出来了，一片片清澈美好透亮如珠。怎么舍得让又笨又脏的手触碰呢？采摘的手，必定是一双双清洁的素手。触碰的那一刻，我想茶心是喜悦的，茶心知道那手心的温

为了一杯纯净的梦想

度刚柔相济啊。

洋顶累处于北纬 24.5 度，这是植物生长的黄金纬度，海拔千米，四季分明，气候温润，年平均云雾天在 280 天左右，日夜温差较大，漫射光较强。这样得天独厚的环境得以"高山云雾出好茶"。

不脚时候，世人们还不知道洋顶崇能产出这么鲜美的茶叶，台湾爱茶的老板把它们雪藏在心里，"金屋藏娇"的待遇让洋顶崇的茶与世人的关系是"只闻其香不知其名"——它是台湾某个知名有机茶绿色生态品牌的产茶基地。

一直到 2011 年。

敬畏：2000 个日夜，守望一杯干净的茶

是一杯洋顶素山上的茶，留住了现任董事长叶金兴的心。

想来，那是怎样的茶中仙品啊，人间的语言怎么可能描述那种初遇即一往情深的体验？

叶金兴绝对算 Sb 资深茶人，而初次到洋顶崇时一杯蕴含日月精华山风野雾的茶喝下去，他说："瞬间给了我震撼，看来我之前喝的茶都不叫茶了。"

与洋顶崇茶山结缘，就是为了寻一杯干干净净的放心茶。他此生应该不会忘记触动自己去寻找一杯放心茶的那一段经历。

某一天，与朋友去往世遗土楼群的路上，他从汽车窗外看一路风景看一路漫山遍野的茶山。某·刻，他不经意间看到小路边有人在晒茶青，那些刚采摘下来的茶叶没有任何铺垫物直接放在地上晾晒，晒完后直接用竹扫把扫成堆，尘烟轻轻飞起时一种不洁感让喝茶成癖的他震惊。尤其是，远处同一片茶山有人采茶有人喷农药。他反复在想，自己喝了二十多年的茶，喝的是什么茶？用什么方法可以找到一款放心安全的茶？以后是否还喝茶？

可是，怎么舍得下一段茶香漾开的有情有味的日子呢？怎么抛得开一份清茶滤过的纯粹雅静的时光呢？一番思虑之后，他萌生自己做一片小小茶园的想法，决定用自己的理念管理茶园，"从茶树到茶杯"，有机绿色纯净放心。

心至身随，缘到手接。在南靖朋友的帮助下，他前往洋顶窠

在此之前，2006年叶金兴与南靖有过一面之缘，对南靖山清水秀民风淳朴有着很深的印象；2010年开始投资儒兰金线莲，南靖良好的生态环境更是让他有信心。是啊，南靖的森林覆盖率74%，居漳州全市

沿着只容一辆小车通行的盘山道路没完没了地绕行，他有点担心这地方太偏僻，可是，当看到茶园杂草丛生泥土松软，看到一桶桶作为肥料的正在发酵的豆浆，听到虫鸣鸟叫……他被这一片"世外茶园"迷住了。这时，台湾老板黄先生泡来了一杯洋顶朱的茶一K 真是茶中仙品！

一见钟情，即刻倾心。当下，他接手这片茶山。

天地有大美而不言。面对2000多亩的大山，人是这样渺小。叶金兴的心里涌起的是对山的敬畏，他要以纯有机的方式养护茶园,绝不用化肥、农药、除草剂与激素。他认为这里本来就是动物和昆虫们的乐园，绝不伤害这里的任何一种生灵，于是把之前的"太阳能灭虫灯"拆除，继续用"牛奶豆浆红糖"富养茶树。可是，调皮的虫子来侵扰茶树了怎么办？有亲密的鸟儿芳邻来帮忙，甚至"蜘蛛侠"也会布下情网来英雄救美。他还陆续安装了200余

为了一杯纯净的梦想

台太阳能播放器，用《高山流水》琴曲和其他高雅的音乐 24 小时陪伴山间的一切生命。和谐舒缓的氛围让大家闺秀般的茶树们心情愉悦吐露芬芳。

已识乾坤大，犹怜草木青。

不得不感叹这是一片神圣的土地。它长出了生灵，长出了美好的愿望，也长出了人与自然相亲相爱的情愫。上苍为了给予人间一捧美好的茶，用心良苦地让有大爱之心的有缘人来遇见——幸好你来，幸好你来的时候我还是最初的模样！不忘初心，方得始终。

坚守："中国第一家 CSA 茶园"，"有机产品认证证书"

"2012 年 1 月 11 日，中国第一家 CSA 茶园——南靖洋顶崇茶园正式诞生。"曾有一段时间，许多媒体都在说着这一消息。

CSA 是社区支持农业的英文简写，它是指消除食品不安全问题的一种新型的农产品产销形式。这种产销形式，本质就是在农场与社区居民二者之间建立起一种直接的联系。农场方面会确保以有机的方式种植，之后再寻找到愿意预订他们农产品的社区成员，随后再直接把真正有机的农产品送到

这些社区成员手里，这样就省略了很多中间环节。这种CSA经营模式，于1960年诞生于日本和瑞典，1986年被引入美国。如今在美国已经有数千家农场采取了这种科学的经营模式。CSA模式近年来被引入中国后，迅速受到都市人群、农民、农业专家以及媒体的广泛关注，越来越多的中国消费者也加入到了CSA中来。

作为国内首家CSA茶园洋顶岽，目前已引入金萱、铁观音、软枝乌龙、四季春等多个茶

叶品种，专门生产绿色、生态、高档的有机高山茶。为了真正实现从茶树到茶杯的全过程控制，采取自种、自管、自制、自装、自销的经营模式。从洋顶岽茶园里走出去的极品好茶，可以直接被送达消费者的手中，在茶农和消费者之间建立起透明、互信的友好关系。现在，新加坡、澳大利亚都有洋顶岽茶园的CSA会员。

签发日期为2011年12月26日的"有机产品认证证书"，只是一张薄薄的纸，但对于洋顶岽来说，却是对于有机自然生态一份沉甸甸的责任和无悔的付出——这些年来有机概念已被广为炒作，"无农药、无化肥"的广告

太过喧嚣，难以打动消费者。市面上真正的有机农业产品寥寥无几，高付出低回报让以逐利为目的的商人难以承受。而洋顶崇的坚守源于对大自然的敬畏，对生态的极度爱护，以及利益大众健康的真挚愿力。

除此之外，洋顶崇茶园出产的茶，曾获得南靖县"第一届土楼茶文化节茶王赛"茶王奖；在省农业厅主办的2013年度全省名优茶（春季）鉴评活动中，"洋顶崇崇顶红"获得南靖县第一个红茶"省名茶"的荣誉。

2017年8月11日是个晴空万里的日子，一天时间流连于南靖几个茶园天蓝云白山绿的美景中，却与洋顶崇缘悭一面，真是修行未到非常遗憾。很多事情就是这样，计划赶不上变化，以为触手可及的事，却"天时地利"差那么一点儿。最后归为"缘"——总归是缘分未至，还需要再等。但对"洋顶崇"的好奇却是不能削减一二，因为他们的独特，因为他们的守望。此时，我在案头放置一壶茶，慢慢自斟自饮，一边整理电话采访茶园经理王金勇的记录，一边翻看电脑中洋顶崇茶山实景拍摄的图片。

清晨的熹微在天边抹出几笔浅白淡黄，浓云如黛，正与山色相映。层峦之间，云雾乳白如棉絮，覆盖、游荡、缥缈、翻涌。茶树上片片叶子闪着润泽的光，丛丛野草，带着被晨雾吻过的喜悦，带着被晨风牵引的沉醉，摇曳。真是"清雾晨流，新桐初引"，万般美好。

回想着那日正午车行在南靖书洋时窗外那浮光掠影却是美不胜收的图画，回想着到访的几处茶山上正午阳光灼灼风却是清凉款款举手可摘云朵的惬意……意乱神迷中，杯中茶渐渐淡而苦涩。神往着何时有缘坐在1050米高的茶园，在夕阳染幽草的意境中，自己像一片茶叶在风中舒展，满园植物清香把我环绕……

世外茶园韵无穷

◎宋阿芬

在漳州，有一座世外茶园，它就是南靖县书洋镇高溪村洋顶棠。

洋顶棠，是一座山峰的名字，海拔1050米，毗邻世遗土楼群，庇护着福建最美乡村——云水谣。优美的生态环境，静谧清新，宛若世外桃源。

洋顶棠，也是一座私家茶园的名字。这里自然风光优美，远离尘嚣，方圆百里没有污染源，顶上六峰环立，中藏湿地，四季翠绿，似一幅旖旎画卷。

车沿着盘山道路到洋顶棠，山顶空气清新，天蓝、水清、茶绿，是一片绿色的海洋，2000亩茶山仅种800亩茶树，茶园水源丰富，有水库，有湿地，任凭杂木杂草丛生。三叶草、车前草、紫色花朵的蓟、百香果等藤蔓植物攀着铁丝，绕着树木生长，这么多美丽植物的默默点缀，给茶山增添一道道独特的风景。洋顶棠茶山野生动物品种繁多，在这里劳作的茶农们早已熟悉了蜂飞蝶舞，熟悉了野猪的出没，牛羊的驯良，山兔的跳跃，麻雀的飞翔，早已听惯清晨的鸟啼，夜晚的蛙鸣……这些生灵在洋顶崇自在生长，循环不尽，不用惧怕除草剂的侵害，与茶树常年做伴。看着层叠如画的茶山，还有香草散发着清新的气味，听着鸟兽虫鱼的浅吟低唱，不得不感叹洋顶崇茶山的确是"世外茶园"！

想象在雨后茶山云雾缭绕，朦朦胧胧，飘飘然然，茶山宛若轻纱遮面，如梦如幻，像一幅酣畅淋漓的水墨画。沁人心脾的茶香在微风中扑面而来，安心定神，沐浴其中，犹如人间仙境，妙不可言。在如此境地，发发呆，吹吹风，喝喝茶，飘飘欲仙呀！

洋顶崇私家茶园总经理王金勇说，茶园自开辟以来从未用过化肥、农药、除草剂，却用豆浆、牛奶做叶面肥养茶，补充茶树所需的氮。其次，这样的叶面肥有益菌菌群丰富，能很好预防茶树病虫害的发生。漫步在洋顶累茶山的小路，太阳能念佛机播放的《高山流水》，韵律悠悠扬扬，清风拂袖，梵音抚琴生。有拥抱大自然的舒畅，放飞心情的轻松，一切都是那样和谐、

宁谧。凝视着这一片片茶叶，这些茶叶浸染云雾沉淀白露，以云雾为餐，汲日月之精华，集天地之灵气。不由自主采摘一片在鼻尖闻闻，茶香的灵气沁我肺腑，人在茶中间，顿时浮想联翩。其实，人本在"茶呻间，"茶"字上为草，中为人，下为木，寓意着人于草木中回归自然，不也说明人从自然中来，也应回到自然中去吗？茶本草木，它本是一片树叶，最初与人类相遇时被当作一味解毒的药方，后来被誉为万病之药。有人说，茶叶是聪明的树叶。我想也是的，茶叶本身虽不聪明，但它能让你变得聪明。喝茶，让你学会了思考，在思考中让你的思潮汹涌，长期喝茶会耳清目明。所以说，茶叶是聪明的树叶，益思明目。诸葛亮在七擒孟获时，途中有很多士兵都闹眼病，诸葛亮就让他们用茶叶熬水洗眼睛。很快士兵眼疾痊愈，并取得了战斗的胜利。如今，茶不仅可以生津止渴，提神醒脑，明目润喉，也俨然成为一种时尚，一种品位，一种文化。茶艺在中国传统文化中绽放得鲜艳芬芳，散发魅力。"高冲低斟，关公巡城，韩信点兵，啜啜慢饮……"一出出的茶艺表演在纤

纤玉手中花样迭出，那样精致优雅，赏心悦目。

王金勇总经理说，茶园有十多年历史。茶人侍茶树如侍人，洋顶崇茶园借鉴了印度科学家研究得出的"植物喜欢听音乐"的成果，在茶园四处安放了200多台太阳能音乐播放器，梵音佛曲、《高山流水》等高雅音乐陪伴着高山茶的成长。让茶园中的每株茶树朝餐云雾、日吸豆浆、夜饮山泉、长听乐曲的方式，完全实现了从"茶树到茶杯"纯天然、绿色无污染的理想。茶是有灵性的，有生命的。洋顶崇私家茶园，藏在深山，有如一位优雅女子沐浴在音乐中成长，这种境界简直如一首诗。望着杯中舒展的茶叶，蜷缩的茶叶在玻璃杯滚烫的水波中荡漾，轻盈舞动，舒展身姿。一茶一叶之间，承载了太多的灵性与寄托，蓦然，在袅袅飘送的洋顶崇茶香中，身心随之释放。

茶，大家都很熟悉，它是雅俗共赏之物，在生活中扮演着重要的角色。文人墨客讲究七件——琴棋书画诗酒茶，居家过日子也讲究开门七件事——柴米油盐酱醋茶。对于大部分闽南人来说，喝茶是生活中不可缺少的习惯。茶，是基本的待客之道，也是亲朋好友情感交流的桥梁。记得儿时夏日的午后，外头是嘈杂的蝉鸣，屋子里清风徐徐，阴凉无比。爷爷总会坐在门槛上摇扇，泡茶，喝茶，脸上宁静、淡定。乡亲们喜欢喝茶，把喝茶说成"吃茶"，把茶叶叫作"茶米"，茶与米同样重要。客来奉茶，无茶失礼，茶到心意到。在家乡，无论日子多忙，也要偷出清闲喝茶；无论时光多瘦，也要挤出欢愉喝茶。"吃杯茶吧！"这是一句儿时经常听到的话。饭后时光，乡亲们围坐而谈，喝罢再添，借着喝茶的过程，聊聊春耕秋收，说说家里长短，给忙碌的农活带来些许的悠闲，边说边饮，淡淡的甘甜，暖暖的乡情，在茶香四溢中流淌。

洋顶累茶叶观其形，叶片肥厚，传统工艺，手工揉捻。闻其香，沁人心脾。茶汤干净，色泽醇正，香气高厚，回韵甘醇。无论是香气还是水韵堪称乌龙之极品。王金勇介绍，目前洋顶棠主要有两大类茶，乌龙茶和红茶，其中乌龙茶又有六个系列的产品。漳州人历来对乌龙茶情有独钟，因为它属半发酵茶，既没有绿茶之苦，又无红茶之涩。洋顶崇有机高山茶新梢肥壮，色泽翠绿，且条索肥硕、紧结，其茶汤往往具有特殊的花香，且香气高，具高山气息，

别有一股浑厚之高山韵味，香气幽雅清醇、滋味甘润，喉韵足。王金勇告诉我们，他个人平常喜欢喝洋顶崇私家茶园 9510 炭焙重火和老茶。9510 重龙眼木炭焙，层次感丰富，后劲绵绵不绝，强而有力；私家茶园 9920 老茶通过长时间的制作，茶汤通透清亮呈琥珀色，口感甘醇浓厚，陈香滑润，绵甜甘醇，时间越久，越发令人回味无穷。看 9920 老茶在沸水中翻腾，观那蒸腾的氤氲，品味那释放的原香，生津甘醇，唇齿留香、喉韵悠长。不知不觉陷入一种无际的遐思，仿佛把自己融入了时光，翻腾、舒展、浸润，舒畅、鲜活、从容。老茶是有灵魂的，品饮老茶，就像是在品读那尘封的往事。一泡老茶，泡开的是一段时光的足迹，因为它是生命的沉淀，浸润在岁月的窖香中，在它浓醋的汤色中徜徉，细细体会那平和醇厚的真味，岁月的精华和人生的浮华通通融入其中，每一道，都能品出人生的味道：人生像喝茶津起，放下。把自己放入时光，舒展、浸润、举杯、放下，其中的美好需要自己细细品味。

　　茶文化在中国有 4700 多年的历史，博大精深，源远流长。漳州茶史能够考据也自唐开始，清末，漳州茶叶声名鹊起。在南靖，《南靖县志》记载：

嘉靖年间，南靖县茶叶已被列为贡品，曾进贡茶五十五斤九两三钱，菜茶六十斤九两九钱。当时南坑村有茶园三十亩，年产三十担，茶树为本地野生红芽和白芽菜茶。可见当时南靖的茶叶已颇有名气了。喝茶，本是一种清雅文化，沉淀了中华文化之精髓，单是绕壶缥缈的热雾，那袅袅余韵弥漫开来的淡雅茶香，就引得多少文人墨客、文儒佛道，以茶悟道。茶，承载着各种不同人生哲理。卢仝著有《茶谱》，被世人尊称为"茶仙"。卢仝喜饮茶，《七碗茶歌济发了对茶的热爱与赞美，其中主要名句是："一碗喉吻润，二碗破孤闷。三碗搜枯肠，唯有文字五千卷。四碗发轻清，平生不平事，尽向毛孔散。五碗肌骨轻。六碗通仙灵。七碗吃不得也，唯觉两腋习习清风生。"诗句写得潇洒浪漫，不同凡响。诗人连饮七碗，每碗都会产生新的灵感，将喝茶提高到了一种非凡的境界，直到两腋生风，羽化登仙。这首《七碗茶歌》被后人传颂，并演变为"喉吻润、破孤闷、搜枯肠、发轻汗、肌骨轻、通仙灵、清风生"的茶道。喝着洋顶崇茶叶，似乎也有非同一般的精神世界，用心品茶，竟可以不记世俗，抛却名利，飘然若仙。

谈到茶文化，王金勇说，他认为茶文化的精神是"正、清、净、和"。这四个字也是洋顶素种植、加工、管理、制作一直遵循的理念。正，即正直、中正，正心诚意，正本清源。清，就是清心寡欲，清净内心，"清"更多的是指对灵魂的洗涤。净，即品茶要有洁净环境，更需内心清静无为，清澄而不染，身心清静，达到内外融合。和，就是和谐，融和，能包容一切。他认为茶道精神是茶文化的核心，是茶文化的灵魂。活佛嘎玛仁波切来过洋顶素

102

茶园评价说："以茶农最纯朴善良的心，种出最天然纯洁的茶！"诚然，他所说的"正、清、净、和"这四个字隐隐能品味出浓浓的禅味，具有儒家的正，道家的清，佛家的和。笔者深感认同，人生的最高境界不也是"正、清、净、和"吗？

喝茶，有的人喝的是味道，有的人喝的融康，有的人喝的是心情，有的人喝的是文化……我既不谙艺，又不懂茶道，纯粹喜酮滋味。爱上喝茶，并非附庸风雅，追求时尚，而是追求一种闲适愉悦的心境。林语堂说，只要一只茶壶，中国人到哪儿都是快乐的。他还说："茶需静品。"真是精辟至极。茶让你思考，静能生智慧。在静静的夜里，读一本好书，泡一杯上好的乌龙茶，就可以享鲫种神圣的安宁。看杯中龥幡展，片刻丰润盈泽，满怀绿意，爺袅袅。茶的癮品味，让你闲和宁静、趣味无穷，这种清静犹如雁过寒潭而潭不留影，风来疏竹而竹不留声。

在尘世偷来闲暇时光，行走于洋顶累茶园，观光、品茗、怀想、感叹……只要洋顶崇的一杯茶，就会让你诗性浪漫，红袖添香，宁静温婉。如此，何乐而不为？

土楼"金观音"
——从葛竹的花海里走来

◎蔡刚华

　　位于九龙江西溪源头的南坑镇葛竹村一定是属于美丽的春天，在海拔近千米并常年被树海、竹林和茶园层层包裹着的山中村落，常年青山绿水，花开茶香。在信息社会的今天，葛竹从深山里的小村落走到了人们关注的眼前。在春天的三月里，漫山遍村艳成了一片白色香雪海世界。在这南靖与平和的交界处，当年闽南游击队的主要基点村，常年的空气中弥漫着水汽和花香的山中小村，盛产一种叫枳实的入药之果树。到了三月，小村的房前屋后、河谷山坡凡有枳实树的地方，那白色的花儿便沸沸扬扬地开满了枝头，微风吹过，山村的草垛上、柴堆里、土楼的房檐处，满地都撒着白色的花瓣儿。霎时让整个山村都风情万种起来。这时喜欢户外的现代人，或组团或骑行开始为了心中留存的那份美丽往葛竹聚集。一个久远的记忆开始在心中萦绕，除了一探那细小且又情动的精灵，为的还有那淡淡升腾的茶香。

我看过 T 数据，南靖县盛产茶叶，是福建省十大产茶县之一。全县现有茶园面积 12 万亩，年产干毛茶 2 万吨，产值 16 亿元；现有规模茶企业 58 家，其中县级龙头企业 10 家，市级龙头企业 4 家，省级龙头企业 1 家，通过 SC 认证的茶企业 12 家，已有市知名商标 5 件，省著名商标 11 件，省级名牌农产品 2 个。已申请注册了"南靖丹桂""南靖铁观音"两个茶叶地理标志证明商标。全县有 1.2 万亩茶园通过无公害基地认证，1000 亩茶园通过绿色食品基地认证，2200 亩茶园通过有机认证，已创建全国茶叶标准园 1200 亩，建成标准化生态茶园 2 万亩。而在这些绿海茶园中，尤以葛竹的"金观音"为典型代表。

　　"金观音"是以铁观音为母本、黄金桂为父本，用杂交育种法育成的茶叶。在高竹金观音茶叶专业合作社赖玉春的品茶桌前，她告诉我们来自漳州的作家采风团，该合作社于 2012 年成立，每年自产茶叶 500 多万公斤，顺利注册了"高竹金观音""土楼高竹金观音"两个品牌商标。2013 年，高竹生态茶园还被国家农业部优质农产品开发服务中心授予生产示范基地和联络点，并被中国茶叶博览会组委会授予极具发展潜力品牌。2015 年，该茶叶专业合作社还被评为福建省农民专业合作社示范社。

　　赖玉春为我们的到来而泡了壶珍藏了十多年的野生茶，老茶有花的香味，呷上一口，含在嘴里顿时觉得含住了大自然旷野的厚重醇香，舌尖上一下子便有了和绿色接触的自然感，未喝前我先端起茶杯嗅闻着老茶的香味，馥气甘醇低沉，最重要的是这种老茶还最为耐泡。

　　说起她珍藏的这款老茶，赖玉春谈及了她当年刚开始接触茶叶生意时的一段往事。当时的南靖铁观音还处于销售低谷期，她到处考察学习，在外地茶叶市场发现，只有特色突出的茶才有好的销售价格，于是赖玉春想到了家乡随处可见的野生茶。赖玉春从 2001 年开始在闽南茶乡收购野生茶，只要听到野生茶的信息，她就会去茶农家收购，在市场定位还未明朗之时，她只收不卖并不急于脱手。这一收，赖玉春就收了 12 年，她按照父辈们留传下来的储存方法，把收来的野生茶用最古老的储存方式进行收藏。在民间历来有存贮旧茶的习惯，并赋予了饮用老茶众多的好处，如可以消积食、去无名火等功效。而收藏老茶最好的方法就是用土法编织的麻袋等把老茶置在最中间，周围的袋里装的都是废弃的茶梗，目的是为了防潮和吸附异味儿，让中间的野生茶品质不变。如果摆放不到位，就会影响品质，为了与其他茶叶区别开来，还要在外包装上打上特殊标记。

经过了十几年的珍藏，赖玉春准备把这种储存十年以上的茶推向高端市场进行销售，因为这样的茶市面上少见，凭借着野生老茶的形象去敲开茶叶市场，并一炮打响"南靖铁观音"这一茶叶品牌。

2013 年，从来不穿旗袍的赖玉春，特意穿起了旗袍和高跟鞋，带着珍藏了 12 年的野生茶，在中国茶叶博览会上惊艳亮相。通过此次茶叶博览会，赖玉春一次便成功销售了 6000 多斤的野生茶，一同走红的还有她积极营销的南靖铁观音茶。听完赖玉春对茶业往事的叙述，我的思绪也如同飞到了当年的博览会现场，一起见证了当年的盛况。

如今，高竹金观音茶叶专业合作社所处的葛竹山村，一座座土楼星罗棋布、竹林茂密、古道蜿蜒、溪水清洌、阡陌纵横如世外桃源。那诗意的乡村不只在春天的三月，哪怕是我们来时的八月盛夏也宛如诗画。村里小溪边的老榕、古径、小桥、枳树，更有那远处的茶园……葛竹四时景色宜人，令人陶醉。在这美丽乡村，无论是闲暇的傍晚或是悠闲的午后，徜徉在这样的地方，惬意之下沏上一壶老茶，这时如果再下场细雨，你会有种不分此时此境如入仙境的恍惚……仙境不能离开品茗，也因为这里本就是茶的世界，更何况它又是土楼高竹"金观音"诞生地。

金观音，又名茗科 1 号，是改革开放后，我们的农业科研人员以铁观音为母本，以黄金桂为父本，采用杂交育种法育成的新良种。用金观音制作的乌龙茶，外形色泽砂绿乌润、重实，香气馥郁悠长，滋味醇厚回甘，"韵味"明显，在泡茶女款款的斟酌中，那白瓷杯里的茶汤金黄清澈，掀开茶盖，茶叶肥厚晶亮，茶汤甘醇微醉，喝下一口口舌生津。出身名门的土楼高竹"金观音"，从一落地起便获奖无数：1996年获福建省名茶奖和优质茶奖，2003年获中国（武夷山）茶文化艺术节暨"凯捷杯"茶王赛金奖……土楼高竹"金观音"是南靖县高竹金观音茶叶专业合作社目前的主打产品，并辅以200多年传统制作茶工艺加工制作而成的全发酵炭焙乌龙茶。

土楼高竹"金观音"能有这样的稳定品质，跟合作社社员传世栽茶技艺不无关系，更与葛竹村地处平均海拔近900米的山地位置不无关联。这里的山区常年气温较低，使得生长在这里的茶叶生长周期因此拖长，这也是为何泡水后的茶叶肥厚明亮且较为耐泡的缘故。对比寻常的"铁观音"泡个七八泡可能就没味儿了，但土楼高竹"金观音"如果用的是山泉水，基本可以持续到20泡左右。

问其为何有如此"耐泡"之缘故，才得知土楼高竹"金观音"合作社的社员们严格按照古人的制茶方法，只有这样因循守旧，让制出的茶叶发酵完全，泡出的茶水不仅"耐泡"而且还不会刺激肠胃，兼有暖胃的功效。对于有肠胃问题的茶友来说，品饮土楼高竹"金观音"不必忌讳茶水的饮用量，可以开怀畅饮。用古法炭火烘焙的茶叶储存起来也更方便。不用像一般"铁观音"茶叶那样"金贵"，还需放置冰箱冷藏才可以保留茶叶成品的原味鲜度。土楼高竹"金观音"只需一年两次的烘焙，便可长久保存，而且还越陈越香。

葛竹村的茶叶历史，第一次达到辉煌境地的应为清乾隆年间。这和当年任翰林院编修的赖翰颙不无关系，赖翰颙历任特派稽察六科参修《大清律》和国史馆纂修官等职。乾隆二年（1737），赖翰顯双亲相继逝世后，无意功名利禄的他即上表辞职。回乡后，赖翰颙隐居南坑山区，潜心钻研学问，著书立说。他热心家乡公益，牵头修建葛竹通平和县的乞天岭大道和大岭通往南靖县城的九曲岭大道。曾身居京城的他深谙知识与稼事的重要性，在他的力促下，不仅在葛竹立下各种乡规民约，还创办书院、塾学，并积极推动家乡农、林业的生产。他从外地引进山东梨、红柿、桂花、绿衣枳实，推广铁

土楼金观音

观音茶等优良品种，在某种意义上，他在身体力行努力让远离城喧的闭塞乡村"脱贫致富"。至此，迎来了南靖葛竹茶叶生产的第一个鼎盛时期。

中华人民共和国成立后，盛产茶叶的葛竹成立了自己的茶场，在当时集体农业的生产体制下，茶场场长兼农艺师的赖甲乙为葛竹的制茶工艺传承与创新打下了扎实基础。当时葛竹制作加工的茶叶曾在20世纪80年代的龙溪地区（漳州）多次被评为"特级铁观音"，茶叶品质享誉闽南地区。据赖

甲乙的女儿赖玉春回忆，当时丁壮年劳力一天的"工分"大约是1.5元，但被尊称为"老艺仙"的赖甲乙所制作的茶叶丨千克可以卖到六十几元，足见当时南靖茶叶品质之高！

2000年，已近八十高龄的赖甲乙才将葛竹茶叶制作技巧和承包的茶场交给了第7个孩子赖玉春。接过重担的赖玉春，顿感任重而道远，在接下来的日子里，她专心地投入到推广南靖铁观音茶叶的事业中去，语文老师出身

的赖玉春不仅凭借实力考取了国家级高级评茶员，还把父亲传统制茶的技艺不断充实并运用到实际生产中。

葛竹是福建省南靖县南坑镇的一个自然村，同时葛竹又属于红色革命老区，也是南靖县高竹金观音茶叶专业合作社的所在地。这里的人口1.5万人。境内山清水秀，生态良好，素有"树海竹洋"之称，是虎伯寮国家级自然保护区的重要组成部分，也是"中国兰花之乡"、九龙江西溪发源地、闽南地委机关旧馈在地，更是福建（南靖）土楼的重点旅游区。赖玉春巧妙地把红色旅游和茶叶营销结合起来，在"纪念毛泽东主席诞辰123周年"之际，她精心推出了老区人民怀念领袖的专版纪念茶，做成有红色意义的礼品茶。不仅宣传了红色理念，还让土楼高竹"金观音"的文化深入人心。现在，赖玉春又与多家电商合作努力把"金观音"茶叶销售到了全国各地。仅2016年她所带领下的合作社销售收入就达1000多万元，带动了葛竹附近三个村上千茶农致富。

深山飞出金凤凰，深山飘香"金观音"。枳树与茶园相衬，土楼让竹海生辉。在那一眼望去的枳花香雪海里，茶香与枳花芬芳扑鼻、相得益彰。

南靖人的茶途

◎苏水梅

  中国是茶的故乡，也是世界上最早种植和利用茶的国家，茶叶伴随着古老的中华民族走过了漫长的岁月。回顾中国文明发展的历史，从每一页中都可以嗅到茶的清香。福建的茶文化犹如一颗璀璨的明珠，它的发展不仅是一种饮食文化的形成过程，同时也折射出中华民族几千年积淀下来的精神特质与文化内涵。南靖县是闽南乌龙茶主产区之一，目前全县茶园面积12万亩，年产茶叶2万吨，产值16亿元，成为福建省十大产茶县之一和闽南乌龙茶第二生产大县。南靖茶叶主要有铁观音、丹桂、竹叶奇兰、金萱、金观音、软枝乌龙、八仙等20多个品种，近年来先后在全国各省、市的各种茶叶质量评比活动中获得50多个奖项。南靖人依托优越的自然环境，拥有敢为天下先的勇气，正昂首阔步走在前景光明的"茶途"上，把南靖源远流长的茶文化一步步地发扬光大。

  山水之美，美在特质，美在底蕴。南靖县的河网纵横、水系丰沛，南靖人对水的重视，使他们收到了丰厚的回报。"水为茶之母"，水与茶依依关联，茶色、茶香、茶味都通过水来体现。山水孕育了茶的特质，而茶又反哺了山水的底蕴，两者交融，相得益彰，可谓山水中有茶，茶中见山水。茶，这个古老的经济作物，经过几千年的发展，已由"柴米油盐酱醋茶"中的生活必需品发展成为"琴棋书画歌舞茶"中的独特文化。在今天，在南靖，茶不但是物质的，也是精神的，对发展农业经济、构建和谐社会起到了不可替代的作用。

茶叶的海上之路最早是通往中国的海上近邻日本和朝鲜，主要从江苏、浙江、福建等茶区出发，由宁波、泉州、月港等地入海，直接横跨太平洋运往美洲，或将茶运往南洋，再驶过印度洋、波斯湾和地中海等地销往欧洲各国。南靖产茶历史悠久，由南靖生产出的优质茶叶，在唐宋时期因中央政权积极推行对外开放的国策，得以流传到世界更广泛的地区，为"海上茶叶之路"添上浓墨重彩的一笔。

笔者从资料中读到，南靖地处漳州市西北部，总面积1962平方公里，土地面积298万亩，其中山地217万亩。全县总人口34.2万人，有海外华人华侨3万多人，台胞100多万人，是漳州市重点侨乡和台胞祖籍地之一。南靖地理位置优越，自然条件得天独厚，是发展茶叶生产的风水宝地。这里气候温和，四季如春，冬无严寒，夏无酷暑，年平均气温21龙，年降雨量1700毫米，无霜期340天以上，属典型的南亚热带季风气候；这里山多林茂，植被丰富，土质疏松，土层肥厚，土壤中富含有机质和微量矿物元素，全县森林覆盖率达74%，素有"树海""竹洋"之称，是闽东南"后花园"。南靖曾获"全国科技工作先进县""水土保持生态建设示范县""全省林业工作十佳县"，是全国第二批农产品无公害示范县、闽台农业合作示范县和高优农业示范区。可以说，南靖县的茶叶产业发展拥有"天时地利"，优越的生态环境，铸就了南靖茶叶形优色美、香高味醇、神韵非凡的独特品质。

海拔900多米的南靖县书洋镇高溪村生态环境好，甘甜的水滋润着山

南靖人的茶途

坡上的茶树，眼前的一大片茶园生机勃勃，放眼望去，层层叠叠漫山遍野都是绿。来自台湾南投的漳州"御品茶业"公司董事长黄文在 2001 年就选中了南靖这块宝地，他说："这里的气候、湿度都比较适合种茶，茶的品质与台湾的高山茶差不多。"坐在茶室里，主人端上一壶茶，倒入杯中，一缕花雨，摇曳出淡淡的清香，氤氲在茶室里，洗去一身的疲惫，身体顿觉温暖愉悦，心也随着茶袅袅升腾。这里环境清幽、茶香扑鼻、空气清新，如诗般美丽，如歌般动听。

南靖的茶商和茶农都十分注重茶叶品质的提升，他们通过改良品种、改进技术成功转型，推动南靖茶产业兴起，解决长期以来困扰南靖的农业出路问题。茶农改良品种，淘汰毛蟹、梅占等老品种，引进铁观音、丹桂、金萱、翠玉等台湾品种。具有香气高、滋味醇等特点的丹桂，是福建省农科院茶科所历经 19 年选育的一个乌龙茶新品种，最适合在南靖种植。自 2001 年起，南靖县用了几年的时间，改造 2.5 万亩老茶园，使全县优良品种比例已从原来的 20% 提高到 90% 以上，其中丹桂面积大幅提高。"以前老品种，一斤毛茶卖几十元，改种铁观音和丹桂后，可以卖百余元，好的卖 300 元到 500 元，

甚至更高。"有了好的原料，还需要过硬的制茶技术。南靖县不仅重视"请进来"，还注重"走出去"。先是邀请安溪感德镇制茶高手举办培训班进行详细指导，全县120多名茶农参加，后又派出茶艺师前往各地学习制茶技艺。通过不断的学习，茶农改变了观念，也尝到了甜头。通过采取各种方式开展茶叶技术培训，南靖广大农民的茶叶种植和制作水平得到显著提高。如今在南靖，茶农们一说起种茶、制茶，大到制好茶需要什么样的设备，需要经过多少个流程，小到采茶的气候、时间、晾青、杀青、揉青需要控制什么样的温度、时间长短等，个个都头头是道，如数家珍。

南靖县在茶产业发展之初，把品牌建设、氛围营造等作为着力点，力图为南靖茶在茶界打响名声。2005年12月，南靖成功举办首届海峡两岸（福建南靖）茶文化节，12家茶叶经销商现场签下了总量4000吨、价值3.2亿元的购销合同，同时举办了茶王赛、南靖茶叶产业化研讨会等活动。2006年5月在广州举办的"南靖高山茶（丹桂）专场推介会"，汇全茶叶、三家村茶坊等6家茶叶龙头企业，现场展示南靖精品茶叶，并签下1000多吨的购销合同，交易总额达4000多万元。南靖县每年至少举办一次县级茶王赛，茶叶主产区各镇每年都举办一次镇级茶王赛，请省市茶叶专家到现场鉴评指导，对评比中获奖的茶农进行表彰奖励，并通过县有线电视广为宣传。"品牌就是走向市场、占领市场的命牌！"这是南靖在茶叶市场摔打中得出的结论。这几年，为了强力推进南靖茶产业的发展，南靖县积极利用国际国内各种茶事活动展示南靖茶品质，提升南靖茶产业在全省乃至全国的品牌效应和市场影响力。南靖县茶叶协会与南坑镇扶持兴办三家村茶坊，在南坑镇高港、金竹、葛竹三村建立原料基地，对茶农进行种、采、制技术指导，培训人员达 350 人次。茶农对优质毛茶进行精加工、精包装，开发出铁观音、奇兰、黄旦、玉桂及目前市场上较为缺乏的野生茶等系列精品。90 后的泓净茶叶专业合作社理事长王静辉在近 5000 亩的茶园里，以有机肥代替化肥，以"物理＋生物防治"取代原来的化学防治，逐步建立农事档案及追溯系统，保安全提品质，引导父老乡亲从粗放式茶园管理到精细化茶园管理。他认为这个改变的过程需要花费很多时间跟精力，很少有人愿意坚持去做，但这对保障茶叶安全和家乡的生态保护有重大意义，所以他将义无反顾地推进。"酒香不怕巷子深，茶香何妨山高远"，南靖人深深懂得茶叶质量是茶产业的"生命线"。

南靖县委、县政府从独特的自然条件出发，把茶叶确定为一项农业主导产业，大力实施海峡两岸（福建南靖）高山茶"336"行动计划，积极从茶树品种改良、高标准生态茶园建设、商标注册、绿色认证、QS 认证、龙头带动、技术创新、形象打造、市场拓展、茶市辐射、名优茶工程等多个方面推动茶产业快速发展。经过持续发展，南靖茶产业规模不断壮大，品种结构日益优化，品质不断提升。全县先后创办汇全、茶农世家、南香、三家村、御品等 32 家龙头企业，3800 多家茶叶初制厂，目前全县茶叶店近 1000 家，营销大户 100 多家。申请注册了"汇全""茶农世家""韵之合""南壶香""树海瀑雾"等 90 多个商标，及"南靖乌龙茶"集体商标和"南靖丹桂""南靖铁观音"两个证明商标，并注册了海峡两岸、福建、南靖等三个实名茶叶互联网域名；注重发展生态茶叶生产，2 家茶企业的商标被认定为著名商标，

18家茶企业获得QS认证；全县有5万亩茶园通过无公害认证，6000亩茶园通过有机认证，建设高标准生态茶园15000亩。投资680万元

创建了福建省漳州市首家县级茶叶市场——南靖茶市，茶市总面积5000平方米、店面118间，入驻的茶商86家，年茶叶销售量达1000多吨，成为南靖茶叶的主要集散地。

值得一提的是，南靖县委、县政府全面启动茶产业"十百千万"计划，着力培育十家茶叶龙头企业、培养百名制茶能手、建设千亩有机茶园、带动万家茶农致富，形成"农工贸一体化、产供销一条龙"的茶叶产业化发展格局，全力把南靖打造成为海峡两岸生态茶叶强县、优质乌龙茶产地、名茶之乡。南靖在茶产业起步时选择了龙头企业带动、助推的方法，使茶农、茶产业的发展得到有效的提升。福建闽星集团汇全茶业开发有限公司就是一个典型的代表。汇全公司先是改造书洋镇枫林村1200亩老茶园，后又有生态茶园3000亩，还拥有"公司农户"订单式基地1万多亩，覆盖书洋、梅林等多个乡镇，带动农户4000多户，从小到大，从粗到细，汇全的茶园走过了一条坚实的提升之路。为打造自己的茶叶品牌，南靖县积极鼓励和引导茶叶企业申请注册商标和质量安全体系认证，得到企业的积极响应。福建土楼闻名遐迩，南靖县全力打造"南靖土楼高山生态茶"品牌，坚持"兴茶富民"战略不动摇，持续推动茶产业不断发展壮大，从而实现了茶业经济增长方式

南靖人的茶途

的根本性转变，茶叶不仅改变了南靖农民的生活，也改变了南靖农村的面貌。全县茶叶种植面积年年上涨，茶叶总价值也是年年见涨。

放眼郁郁葱葱的万亩无公害茶园，一株株茶树绽放新芽，茶农辛勤的汗水映红了幸福的笑脸。在隆隆的机器声中，一批批新茶制成了优质成品茶，浓浓的茶香飞越千山万水，甚至漂洋过海销往国外，不断为南靖的经济社会发展注入生机和活力。

中国人饮茶，注重一个"品"字。"品茶"不但是鉴别茶的优劣，也带有神思遐想和领略饮茶情趣之意。陆羽提出"精行俭德"的茶道精神，讲究饮茶用具、饮茶用水和煮茶艺术，并与儒、道、佛哲学思想交融，而逐渐使人们进入他们的精神领域。南靖人深深懂得种茶、饮茶不等于有了茶文化，但却是茶文化形成的前提条件。百忙之中泡上一壶浓茶，择雅静之处，自斟自饮，可以消除疲劳、振奋精神，也可以细啜慢饮，达到美的享受，使精神世界升华到高尚的艺术境界。茶叶的色泽取决于叶绿素的含量，口感则取决于茶多酚、氨基酸和一些芳香酯类的含量。春天阳光温和，夏天阳光强烈，直接影响这些物质产生的比例。在南靖，你很容易就能感受到人们对茶文化的喜爱和不遗余力的"精心耕耘"。

"一个人的心用在哪里，是看得见的。哪怕是短时间内看不到，年深日久，当我们心智足够成熟，所知足够丰富，就会越来越能够感知美，觉察创业者深沉的用心。"在南靖的青山绿水间走访的日子，我感受到南靖人对青山绿水的保护和发展经济的可持续关系有着理智和辩证的认识与把握。对于生活在就业、房、车等压力下置身于浮躁与喧嚣的现代人来说，能到一个山水相许、安静闲适的地方——品一杯茗茶，感受习习的凉气，望明月水景，听风吹竹林，雨打屋瓦，是多么美妙的心灵托付啊！

土楼云朵红美人

◎黄文斌

哪里喝茶好？何处好喝茶？

赏风景，月下最好。清风徐徐，不知此处是何地。

看美女，灯下最妙，烛光尤佳。烛影摇红，谁知今昔龄年。

当寨主，葫芦山寨正好。山不高不大，建几栋木屋，不空落也不局促。楼下有水，屋旁有竹；对面有林招风，后方有道通城。竹影婆娑，暗香浮动。周末小住，赛过神仙。梅妻鹤子，周莲板竹，不过如此。

山上夜寒，捡几根枯枝扔进壁炉生暖；林中清幽，有红袖添香正好读书。朝露洗风尘，夕岚正好入镜；鸟鸣添文思，有月推窗相看。

有朋自远方来，到园内采几个柚子，叫佳人泡一壶好茶。兴起处，喜怒哀乐皆在茶内，天南地北都在木屋。至中午，一只鸭，一条鱼，一碗菜，一杯酒，不求一醉，但求一快。

葫芦山是水仙茶乡一个朋友的山寨，并不是茶庄，去那儿，并不为茶，但文友相聚，又怎能离得了茶？朋友亲笔提写的"且坐吃茶"，一直就高悬在原木搭就的长廊之内。当初在那里读其剧本，品其柚子，听其高论，三快之后，欣然提笔，聊作《葫芦山寨别记》，也有茶的功劳。如今，离开那地已久，葫芦山也早已因为扩路被劈掉了三分之一还多，成了农家舀水的葫芦瓢。

"天下佳茗即佳人"，茶，自从由一种药物变为一种饮品，对于中国人而言，就不仅仅是一种解渴、提神的饮物。茶的好坏本身自不用说，泡茶的水，煮茶的炭，盛茶的器皿，品茶的场所和环境，喝茶的规仪和程序，都自有一套说法和讲究。茶室在林间，水旁，为竹木之舍，花几朵，陶几件，自然是上等之所。这样说来，土楼，并不是很适合品茶的地方，因为过于厚重，过于封闭。水为茶之母，沏茶之水，自然是山泉水为上。陆羽在《茶经》中说道："其水，用山水上，江水中，井水下。其山水，拣乳泉，石池漫流者上。"沏茶之水沸腾时的韵律，也要如天际云瀑、远山松涛，或疾雨过竹海、白浪拍黑礁，听入耳中，却是一片和寂。含香梅花上的雪水则是沏茶极品，《红楼梦》第四十一回，暗恋宝玉的妙玉给黛玉、宝钗、宝玉沏茶，所用的水就是她五年前在玄墓蟠香寺住着时收的梅花上的雪。而像王安石那样，喝得出苏东坡带来的不是三峡之中峡之水，而是下峡之水……"上峡水性太急，味浓；下峡之水太缓，味淡；唯中峡之水缓急相半，浓淡相宜。"世上也无几人尔。清秀灵幻的"神仙妹妹"黛玉就因为没喝出沏茶之水是久藏的雪水，误认为是雨水，被高冷的妙玉冷嘲为"大俗人"。

日本的茶室，摒弃一切冗赘，只保留审美需求的必需品，外观平淡无奇，内饰质朴简洁。使用的材料，在清贫简朴中处处流露着精致与优雅，有一种简洁之美和生态之美，在古旧的色调中弥漫着岁月的芬芳。就如《茶之书》作者冈仓天心所说："是毫不雕饰的虚寂之所；又是崇尚残缺之美，故意留下意犹未尽，以留待想象去补全的不全之所。"他认为："日本的茶会仪式

让人得以见识最极致的饮茶理念。那种自然、恭顺、优雅，的确是值得让人托付心灵的幽栖之所。"日本人的茶道，源自南宋的禅宗茶道，但被日本的工匠精神推向极致，成为审美的宗教之后，却有点儿过于注重仪式，缺了些野趣，少了些生机，成为一种完美的终结。中国人品茶只是一种途径，实践天人合一的一种过程，我们注重开始，享受过程，永远不终

茶室终究是个壳，喝茶，茶才是主角。

作为东方精神的代表，肇始于神农氏，闻名于鲁周公，兴盛于唐朝，昌达于宋代的茶，对于中国人而言，还是一种生命的参照物，让生命自身与自然万物相关联的有机物，充满着诗意，飘逸着哲理。人，总在微小处体现自己。

茶之道，就是人通向自然之道。茶的醇正与宁静，映衬出我们最隐秘的思想，让我们在品茶的过程中，得到一种心灵的安慰与沉淀，让我们保持中直与清醒。苏东坡说，好茶，汤色醇，味道正，如至纯至正之君子。陆羽就是一位诗人，他的《茶经》也是诗。他发现，茶事中所蕴含的和谐与秩序，与万物流转相契合。茶，甚至还是爱情的象征。袅绕的茶香，犹如青春少女的体香，温暖、柔和地充溢着恋人的身心。《红楼梦》第二十五回，凤姐对

林黛玉说："你既吃了我们家的茶，怎么还不给我们家做媳妇？"也是在唐朝，茶，从粗野走向精致，诗人们在茶中找到了青春的活力，解放了茶，也解放了自己。茶入诗，其实更早。《诗经·邶风·谷风》曰："行道迟迟，中心有违。不远伊迩，薄送我畿。谁谓荼苦，其甘如荠。宴尔新婚，如兄如弟。""荼"即是"茶"，"荼苦"即"茶苦"。诗描述的是一位忠贞勤劳的妇人，和丈夫一起打拼，度过了穷困日子，但丈夫富裕之后喜新厌旧，她被休被撵，凄凄凉凉地走出大门，眼看那男人"宴尔新婚"，真是悲恸欲绝，欲哭无泪，其苦如荼。但茶虽苦却能回甘如荠荠，宴席上以茶待客，茶竟如兄弟一般亲密无间，可谓"人茶一体"。

"苦"，为禅宗茶道内涵的"四谛"总纲。禅宗是佛教中国化的产物，六祖慧能创设的南禅一派，到了宋朝，吸收道教的学说，制定了一套详尽的饮茶仪规，依照一套意味悠远的程序传递着茶碗，喝下同一碗的茶。这一套禅宗仪式，最终在 15 世纪发展为日本的茶道。源于禅宗茶道思想的"禅茶一味"，含"苦""静""凡""放"。"谁谓荼苦，其甘如荠"便是由"苦"至"放"，也是禅宗悟道的见证。

如今，茶的交流功能依然还在，茶叶依旧有着花一般的美妙香气，但唐朝的诗意和浪漫，早已飘远；宋朝的礼仪和自我的映照，也已荡然无存。元朝之起，茶，渐渐变成功能性的存在。吃茶之人，品味茶之芳香，在乎茶是否名贵，却少了对自然之道最真情的关切。涉及了茶之表面的悠然或养生之益处，源远流长的茶韵却不再企及。杯中有佳茗，身边有佳人，爱却很遥远，更不用说天道人心都在茶中的真意。

我们回不到唐朝，也没有宋人的理想去格物致知。我们当不了茶人，还可以当一介茶客。去一趟茶山，看茶树如何生长，看茶叶如何变成茶杯里的茶。我们在茶里喝不出风霜雨雪，雾里乾坤，那我们就把自己的身体投向自然，如茶叶一样沐一阵清风、饮一滴朝露、浴一次山岚，康健一下我们的身心。

车拐进山路，我就看见风，吹过茂密的树梢。树底下，虫子们在欢叫。

在这个炎热的夏日，它们很幸福。高高的山尖上，白云用它纯洁的目光注视着我睁大的双眼。在漳州，好久没遇见这样幽深的峡谷和原始的森林了。穿过树木和竹林，我看见了一座座茶山。云朵山的名字，一次次在路旁浮现。阳光照在茶山上，连空气也有茶味，但云朵山依旧未到。曾经喜欢一个叫云朵的歌手，遥远地方的歌手，音色高亢尖锐，恰如云朵之上的云雀，带上忧伤之后的歌声，会让人的灵魂出窍，飞向天空。虽然有时候她的歌声高得到了声嘶力竭，让人感觉刺痛。她不太出名，偏居一隅，虽然小众，却很有特色。

终于站在云朵山上，云朵山上的泓净茶园，一个回乡创业的大学生的众创项目。极目远眺，层层叠叠都是茶山，条状的茶丘一圈圈升向山顶。站在茶园高处的泓净草堂，四望无人，阳光正烈，风还没来。你看到什么？音乐家看到旋律，摄影家看到视觉之美，经济学家看到经济价值，生态学家看到植被破坏，书记县长看到政绩和民生。同行的都是文人，他们的思绪越过时空能穿越到哪个朝代？哪一方家园？他们是否曾想自己就是李刚，拥有一片自己的茶园？好友来临，泡上一泡自己家的茶，该等惬意之事。

也许，这里适合聆听，而不是诉说。听风，听雨，听花开；听地壳深处的脉动，听远方树林的风吼，听茶叶生长的快乐，听茶树根下的虫鸣；听相伴茶叶生长的豆叶，收获黄豆之后腐烂在土壤，进入茶叶根部滋养茶叶的爱意。这里有一处茶园，坡地上的茶垄形状犹如无线 WiFi 的标志。听说，顶端的山冈上，手机信号也特别

强劲。也许有人打开手机，可以听到宇宙之外的呼吸。

等一阵风来，吃两杯茶去。看过 WiFi 茶山，我们也下山会会"土楼红美人"，让风吹散那一段思忆，浸润在一杯金观音的温情里。

曾经在南靖的江南小丽江—塔下村喝过南靖的老茶。那村口，有几棵枝繁叶茂的大树，树下，临溪，有一栋老旧却造型精致的两层木屋。二楼，曾经开过茶馆，那里的老茶，六年以上的老茶，顺滑，回甘久。木窗外，古木参天，竹林葳蕤；碧荫深处，岚气浮动，衬托出村落恍若蜃楼的起伏檐角。溪水清明澄碧，清醇如茶的空气，让人嗅出许多远逝的过去。塔下，有南靖第一个茶场。

也曾在家中品南靖洋顶崇餐云雾，吸豆浆，听佛曲，饮山泉，用纯正的龙眼木精心炭焙的高山乌龙茶，在纯净的茶汤中想象高山之上云雾缭绕

的茶园。但印象最深的，却是"土楼红美人"，一种南靖产的红茶。这名字，雅俗兼具，最有南靖的特色。这个以"美人"为名的红茶，在发挥原有的温润甘甜外，也糅进了一丝空谷幽兰的气质。一杯清酌，情思也跟着茶烟古韵轻轻飘荡。

南靖的茶，品种繁多，也是福建省乌龙茶、红茶的主产地之一。茶山上，有丹桂、奇兰、金萱、铁观音、金观音，还有野山茶、高山茶，气候和土壤，都非常适

合茶的生长。制成的茶里，有传统的铁观音，也有一般的岩茶，还有高端的红茶，却缺少主打品牌，虽然茶山众多，历史悠久，却影响力缺失。在她周边，平和有白牙奇兰，漳平有水仙，华安的铁观音也创出了自己的品牌，更不用说安溪的铁观音，武夷山的大红袍。南靖的茶，谁是代表？在漳州城里，也难觅南靖茶店。

所以，世人皆知南靖是土楼故里，兰花之乡，有段时间金线莲之乡的名号都比南靖茶响亮。南坑的咖啡，也比南靖茶来得招摇。

也许，南靖的茶，如本色的茶，低调而韵深，不似酒那般自大，也不像咖啡如此自我。

其实每种茶叶都可以做出好茶，每一种制备方法，都有其个性，都是水与火（阳光）的微妙契合。而一杯好茶，是有待唤醒的古老记忆，用它独

有的方法

讲述着遥远的故事。南靖有好山水，也出好茶叶，关键是要出好茶。没有主打品种，从经济角度而言自然吃亏，但另辟蹊径，制作出小众的好茶，也可卖个好价钱。如云朵山上看云朵，自有其立足之地。

但经济的茶，生活的茶，文化意义上的茶，自有其不同的要求和目的。不同的人，看到的茶山不一样；不一样的人，喝同样的茶，也有不一样的味道。大碗喝茶的，是农夫、走卒；小盅品茶的，是闲人、茶客。能够透过这琥珀色茶汤，触摸到孔子怡人的沉默，老子奇警的辛辣，还有释迦牟尼飘逸微妙的芬芳的，是冈仓天心说的茶人。品过好茶，微醺之际，听得到山风，望得见白云，闻得到鸟语，有出尘入云之感的，是于丹那样的文人墨客。

其实，无论是喝茶，还是品茶，无论是日本的茶道，还是韩国的茶礼，茶，并不是主角，人，才是。如今难觅真正的茶人，但当一个有文化的茶客，还是应该的。"没有茶气"的人生，鄙陋而苍白，一切都毫无印痕地存在并逝去；"茶气太过"，又似乎是浮于半空之中的人生，缺了那点烟火气息的牵绕。

古时，有一位樵夫进山砍柴，遇见一位道士，正在大树底下悠然自得地饮茶，便上前问道："看你喝得有滋有味，到底茶有什么好？"道士答道："好处多多。"樵夫说："那你说个来听听。"道士答："可以养生。"樵夫问："怎么讲？"道士答："茶可以瘦身，你看我仙风道骨；茶可以减欲，减欲可以长生……"樵夫大笑："茶可以瘦身，瘦身了我便没力气砍柴，拿什么维持生计，养活老婆和孩子。

道士笑而不答，拿出一个茶壶，壶盖上八卦图旁边刻着两行小字："壶里乾坤大，玄机笑谈中。"

土楼云朵红美人

高山茶香

◎庄火旺

　　茶树属于山茶科的常绿灌木，适宜在微酸性土壤中生长。茶叶形状呈椭圆形，叶子边沿有锯齿状。茶叶富含咖啡碱，有解渴、兴奋大脑的作用，除作饮料外，还有药用价值，也是制碱原料。茶树在我国南方地区广泛种植。中国茶文化历史悠久，博大精深。

　　南靖县位于漳州市西部，境内青山绿水，土地肥沃。南靖地处亚热带季风气候，年均气温21Y，年降雨量1700毫米，无霜期达340天以上。良好的土壤和气候条件为种植、发展茶业奠定坚实的基础。据《南靖县志》记载，早在明代初期，南靖就有茶叶作为贡品进献朝廷，嘉靖朝时每年上贡茶叶114斤，万历朝时南坑村野已有成片茶园30亩，年产干茶30市斤。清代时期，南靖茶场已有二三十个，茶园面积上千亩。中华民国时期，南靖茶叶开始走出国门，中华民国二十一年(1932)，缅甸华侨庄春乡回祖籍地奎洋创办茶场，所产茶叶采用铁罐精包装后全部出口。改革开放后，在党和政府的高度重视和大力支持下，南靖茶业取得长足进展，茶业成为南靖县国民经济主要产业之一。如今，南靖县是漳州市茶园面积最大、产量最多的县，也是福建省十大产茶县之一。

南靖茶园主要分布在书洋、梅林、南坑和船场等镇。茶叶品种有天然野生茶、毛蟹、黄旦、铁观音、丹桂等十多种，品种丰富，有闽南乌龙茶品种园之称。由于南靖茶园大都分布在海拔500米以上的高山上，山上植被良好，光照、水汽充足，茶叶受浓雾重露滋润，使得南靖高山茶带有明显的地域特征，主要表现在：茶叶肥壮，节间长，颜色绿，茸毛多。加工后的茶叶条索紧结、丰硕。泡出来的茶水色泽好看，香气、韵味独特。南靖高山茶以其特有的品质深受人们喜爱，产品畅销国内外。

我是个地地道道的南靖人，从小养成爱喝茶的习惯。多年来，几乎每种南靖高山茶我都有喝过。而在我喝过的高山茶中，我认为天然野生高山茶最好喝。野生高山茶主要长在亚热带深山密林中，茶叶常年受慢光照射，持嫩性长，富含对人体有益的物质。野生茶一年只采摘一次，一般在清明节前后采摘，因此人们又称这种茶为"清明茶"。野生茶性寒味苦，喝起来先苦后甜，而后口底生津，滋味绵长。长期喝野生茶能促进人体新陈代谢，延年益寿，还具有降血压，健脾，养颜排毒功效，不愧是天然绿色饮料。

以前，南靖的天然野生高山茶资源丰富。在我老家船场梧宅南面，海拔700多米的八仙围棋山上，野生的高山茶树很多。老家人叫这种茶"八仙茶"。"八仙茶"和"八仙围棋山"的来历还有个美丽传说。传说中八仙喜欢结伴云游。一次，他们腾云驾雾经过这里，众神仙见此山风景秀丽，便在山顶休息，赏景。其中两位仙人在一块石头上下棋，吕洞宾则去山坳处的茅屋找水喝。屋主人是个年轻小伙。他泡茶接待吕洞宾。谈话间，年轻人告诉吕洞宾，自己是山下村民，家中父母年迈多病。自己只好每天上山采野茶以

高山茶香

维持家庭生计。可惜，山上野茶树却不多……吕洞宾离开时嘱咐年轻人，明早一定要上山采茶。次日上山，年轻人发现山上的野茶树多了很多，便欣喜若狂地采了起来。没过几年，年轻人依靠种茶，采茶，卖茶，不但治好父母的病，还娶妻生子，日子好过起来。后来，年轻人把事情经过说给村里人听，村里人都认为那是天上八仙助他。于是，人们把这座山称为"八仙围棋山"，把吕洞宾变出来的茶称为"八仙茶"。

我曾在八仙围棋山下的梧宅老家生活过很长时间。那时的每年清明节前后，我父亲总会上山去采野茶。上山的路远且不好走，采一次茶来回得花一整天，采回的毛茶不过五六十斤。山茶青翠欲滴，茶味很浓。父亲把毛茶放在大锅里用慢火翻炒，阵阵茶香弥漫开来，沁人心脾。茶叶炒好后先在竹筛上退下火，再用塑料袋包好，然后藏在谷仓里，喝的时候再取出来。父亲说，天然野生茶越藏越好喝。我以前经常喝这种茶，一点也不感觉不习惯。记得有一次，我的肚子不舒服，父亲赶忙泡了一大杯浓茶给我喝，不一会儿，我的肚子便舒服了。此后，我更加喜欢喝这种茶。大约从十年前

起，家乡的天然野生茶数量越来越少，我想喝老家野生茶的机会也就越来越少。然而，我对老茶的记忆却日久弥新。

虽然天然野生茶越来越少了，但是，南靖高山茶的其他品种近年来却有很大发展，茶叶产量不断增多，品质不断提升，品牌不断打响。其中，我经常喝的洋顶累高山有机茶值得一提。这种茶种植在海拔 1050 米高的洋顶崇大山上，方圆百里内没有任何污染源。山上种茶前不曾种过农作物，地表水丰富纯净，空气清新，负离子等同于原始森林。这里处在北纬 24.5 度，山高植被好，是种植高山茶最理想的地方。此外，该茶场在管理过程中杜绝使用任何有害物质，禁止地表裸露，2000 亩的茶园只种 800 亩茶树，保持茶场生物多样性，使茶场处于原始有机状态。据茶场负责人介绍，他们还给

茶树喷豆浆，一天 24 个小时在茶园播放佛曲，精心呵护茶树生长。制茶时，他们请来台湾师傅现场监督，保证每道工序严格按照台湾有机高山茶的制作方法进行。通过这些努力，洋顶崇高山茶以其特有的品质赢得广大消费者青睐，产品畅销国内外。

南靖高山茶香飘四海，南靖高山茶产业必将更加美好。

高山茶香

好一位"土楼红美人"

◎朱亚圣

好茶如美人，美人如好茶。在福建，世界文化遗产南靖土楼闻名遐迩，人尽皆知，但这里的茶，更有一绝，那便是"土楼红美人"。

南靖古称兰水，是福建漳州市的一个县。这里山清水秀，丘陵起伏，茶树绵延，茶香悠远。之前的南靖就像藏在深闺里的佳人，随着福建土楼在2008年申遗成功，南靖开始吸引着世人的关注。

南靖，这片钟灵毓秀的土地上，孕育出优雅出众的"红美人"茶，同时也培育出一位气质优雅端庄的"痴茶人"，她就是汇全茶业开发有限公司总经理苏雪健。在她的眼里，真正的品茶之人可以喝出泡茶人的真心和用心。只要与"茶"有关的事，她都抱着极大的热忱，如痴如醉。

苏雪健，究竟是怎样的一位女性？"土楼红美人"又因何而来？她具有的茶人精神是什么？人与茶的故事始终在演绎着，由远及近，并向着美好的未来走去。

人生如茶一心投入茶的世界

在闽南地区，喝茶是一种习惯，更是一种礼仪。苏雪健是土生土长的闽南女子，从小就看着她的母亲冲泡乌龙茶待客，迎来送往。在她看来，"泡茶"就是生活中必须具备而又普通的一种礼仪，而"喝茶"如同吃饭穿衣一样，也是必需而又平常的。

1998年，苏雪健和她的爱人在南靖县枫林村投资了属于自己的第一个茶叶加工厂，真正走上了创业之路。2001年，他们成立了福建闽星集团汇全茶业开发有限公司，希望能全方位发展茶叶事业。第二年，便建立"公司＋农户"模式的无公害基地近万亩，同时创建了南靖县茶叶研究所。2003年，公司开始建设生态茶园，转型投入有机茶业……他们的茶事业逐步发展，蒸蒸日上。

正是对茶"一往情深"，苏雪健全身心地投入到制茶的研究中，寒来暑往，最终制成了拥有独特气韵的汇全铁观音茶。在福建地区，此茶深受人们的喜爱，中国茶界元老、中国茶叶流通协会茶道专业委员会主任张大为曾多次称赞。

2005年，苏雪健辞去了电力公司的稳定工作，投入到很多人认为"不适合女人"的茶业中。"当时很多人不理解，放着好好的单位不待，但我对自己的选择不后悔。"苏雪健说。对她而言，这样的选择是自然而然的事。因为只要谈到茶，你便能感受到从她眼里焕发出的光芒与热情。对于茶，已不仅是一种钟爱，更是一种情愫。

痴恋红茶研制出"土楼红美人"

一次偶然的机会，苏雪健喝了台湾上好的红茶，其甘醇回香的口感让她久久不能忘怀。她想，既然台湾能够生产，而与台湾土壤、气候相似的南靖，应该也可以生产，于是从2005年起，她便开始研制红茶。

但"红美人"的诞生并非偶然。在她的茶基地里，有非常多的丹桂茶树，到了春天，漫山遍野的丹桂茶叶都会在数周之内成熟。而这种乌龙茶的加工时间是每年4月中旬至5月中旬，即使每天不停地制茶，最后仍会剩下不少

好一位"土楼红美人"

的上好茶青。若放着不管，这些茶青就会逐渐变老，直至不能制茶。这对于精心管理茶园的人来说，个中滋味也只有他们才明白。

苏雪健想，既然老茶青不能做，那就往嫩里做。细嫩的茶芽适合加工成绿茶或者红茶。红茶，温润熨帖、高贵典雅，同时又优美明艳，是苏雪健从小就喜爱的一种茶。所以，在考虑用剩余丹桂细嫩茶芽做新茶时，做红茶的想法瞬间进入她的脑海。

当时，在闽南地区喝红茶的人少，能够交流的人不多。她便开始留意在生活中接触到的红茶，从较容易购买的祁红、滇红、坦洋工夫、正山小种，到台湾的东方美人、日月潭红茶，再到朋友送的印度大吉岭红茶、锡兰红茶等，甚至立顿红茶的茶包。她珍惜每一次喝红茶的感觉，企图记下它们各自的美好雅韵。

2003年3月、11月，苏雪健参与筹办"纪念海峡两岸茶文化交流十五周年活动""首届张天福茶学思想研讨会"，并和一群行业内优秀的专家进行交流。她意识到，要想做真正的好茶，就必须回归茶山。而对于茶山，她提倡一种健康的管理方式：自然农法，即尊重茶树的自然生长规律，不施化肥，不喷农药、除草剂，不将虫子与杂草当作敌人，让茶树在纯天然的环境中生长，汲取大地的营养。

"自然农法"首先要尊重茶树，其次是按照不催促、不掠夺的生产方式，减少产量。一般茶园一年可以采四到五季，但"自然农法"茶园一般只能采两到三季。"做自然农法很孤独。"苏雪健无奈地说。因为不仅在福建，就算在全国，采用"自然农法"管理茶园的人也不多见。

汇全梅林生态有机茶基地距离世界文化遗产地云水谣 12 公里，面积3000 亩，植茶面积 800 亩，保留大片原生态树林。茶园中心是一个高山湖泊，茶树遍植湖泊四周的坡地。在这里，各种不同种类的茶树交杂，园里杂草丛生，宛如无主的荒废田地。你也可以看到，草丛里椿象、绿叶蝉等各种昆虫此起彼伏，充满了野趣，这番景象与其他人层次分明的茶园大相径庭。

"这样近似野放种植出来的茶叶，内含物质更加丰富，饱蕴山川精华，口感甘美扎实。"苏雪健说道。带着对茶的这份痴恋，经过日积月累的钻研、尝试，苏雪健最终研制出"红美人"茶。这款红茶在 2009 年春季福建省农业厅和中华茶人联谊会福建茶人之家的评选活动中获评"福建省优质茶"。

跨海合作让有机茶更具特色

苏雪健不仅专注于自己茶园的经营，也非常重视交流与合作。

每年夏季，茶园都会受到小绿蝉的危害，而来自台湾的"东方美人"茶正是选用小绿蝉咬过的茶青制成的，且虫害越重，制作出来的成品茶花蜜香越好浓郁。这种茶在台湾已有百年历史，一直代表着台湾生态有机茶。而在汇全的梅林有机茶基地，所有茶树也都是有机栽培，正好符合"东方美人"的选材要求。因此，在 2009 年，苏雪健进行了一次跨越海峡的合作，与台湾茶人彭信钧用南靖丹桂试制"东方美人"茶。

彭信钧是 2008 年台湾地区东方美人茶比赛第一名的获得者。2009 年 6月 5 日，他如期来到南靖，首次踏进汇全梅林有机茶基地。有机栽培、用心管理，使彭信钧对这片有机茶园产生认同感，当天便留下来制茶。这一待，足足7天。从那时起，彭信钧成了汇全有机茶基地的常客，时常从台湾到南靖制茶。最终，汇全糅合了自种有机茶青与彭信钧的技术，推出了具有南靖特色的"东方美人"茶。

2011年9月25日，海峡两岸茶业交流协会荣升为福建省第f全国性、综合性的茶叶行业中介服务组织，它的成立标志着国内和台湾茶业交流合作步入了f新阶段。当年10月7日，海峡两岸茶业交流协会漳州茶文化交流中心也正式授牌。作为漳州茶文化交流中心负责人，苏雪健兴奋不已。自成立公司之始，她就有成立茶业交流中心的想法，多年后，想法变成了现实。

在她看来，漳州茶资源相当丰富，有平和白芽奇兰、华安乌龙茶等，都可说是茶中翘楚。新兴"东方红美人"、蜜香铁观音等茶叶，也开始在茶坛崭露头角。但大部分本土品牌多偏安一隅，知名度远远不够，究其缘由，便是缺乏推广平台。因此，苏雪健下决心创办漳州茶文化交流中心，为漳州茶叶走出去提供便利。

"南靖茶叶品种丰富，做出土楼的品质和特色，往精深化方向去发展，做中国有代表性的红茶之一，是我的心愿。"她这样蛔。

回归自然有梦的人生更精彩

为了"茶"这一终身事业，

苏雪健追求不止。

　　走进位于漳州市区的茶文化中心，你一定会被它的典雅气质所折服。蜿蜒曲折的回廊、潺潺不息的流水、古典别致的纸伞、深沉悠远的琴声……让人仿佛来到了世外桃源。没错，这里，一扇屏风，一抹纱帘，就可将城市的喧闹隔绝在外，留下一方宁静。在这方宁静中，品味茶的甘醇，感受茶的文化，别有一番韵味。

　　回归，要遇见的是一种原始的状态，更是一种由内而外的升华。不管在繁华市区的"茶馆"，还是在隐匿深山的茶园，苏雪健要追寻和坚持的都是一份与大自然和谐相处，具备生活之美的境地。

　　"每次到茶山都特别轻松，相伴青山茶园，回归自然。"对苏雪健来说，茶早已不仅仅是一种饮品，它是人与人、心与心之间交流的媒介，更是一种

好一位"土楼红美人"

精神寄托。虽然采用"自然农法"来管理茶园是孤独寂寞的，但她觉得，能为理想而存在，这是幸福的。

苏雪健说，很多人喝"东方美人"都不相信这种茶是被虫子咬过的，着实存在的甜味让他们惊叹，这令她感到自豪。作为南靖茶商会会长，苏雪健不仅希望南靖的茶叶能够走出去，同时也希望福建的茶产业能够形成"百花齐放，百家争艳"的局面。

做茶二十载，苏雪健的眼里闪现的已不是年轻时的锋芒，茶起茶落间，更有一种波澜不惊的高雅，就如同她亲自培育的"红美人"，有自己独立的生命和气韵。苏雪健说："我只有更加小心地来培养、呵护我的'红美人'，满心满意地只愿它茁壮、健康地成长，不辜负朋友们对它的喜爱。"

苏雪健，一位平易近人而又端庄典雅的女子，用"痴茶人"形容她，一点也不为过。"土楼红美人"，似乎就是她的真实写照。

一壶茶外品余生（组草）

◎陈海容

生命之外的余香

不知从何时起，你开始迷恋从壶中倾倒而出的香气，带着天低云近的味道，带着春雨蒙蒙的味道，带着空谷幽兰的味道，带着高山云雾的味道。

某个夏夜，你啜饮罢一瓯清茶，独坐庭院纳凉，虫声如细线穿耳而过，你忽然忘记了身在何处，品了半生粗茶，那些苦涩与甘香齐齐涌上喉咙。你张开嘴，却是无法言说出的滋味，此刻你终于了悟茶的甘苦之味。

在袅袅而来的余味里，你仿佛看见曾经的你迈着不疾不缓的步伐而来，仿佛看见玉兰树下捧书而读的青春，仿佛看见村头溪尾捕蝉摸鱼的孩提，越走越近面目越加清晰，直至捧起手中这杯茶，仿佛一幕幕诉说着半生经历。

有时，仅仅残存一些破碎的味道，在晚间树荫下的茶香四溢中，静观指尖流逝的光阴，一些斑驳的记忆如雨后路面拉出的倒影，晃悠悠地，晃悠悠地，那些曾经淡远的记忆。

你不说茶香，你说，那是新翻泥土的味道，那是山水的味道，那是岁月的味道。

你说，那些味道潜藏在味蕾下，等待再次被唤醒，等待着。

如逝去的某一天。

从芽尖开始的生命之旅

她从大山起步，从容走向人间界。

她最初的梦是新萌的嫩芽，她的生命之旅从芽尖开始，她的理想在芽翼的两端展开，她伸出手托起晨露的轻寒，她用梦装饰自己的春天，她的青春与山岚的清风露华共舞。

她是春夜细微的雨脚微微爬在舌苔上，她是荷的清气浅浅浮在池塘上，她是菊的奇清和墨气齐齐落在团扇上，她是红梅的香气轻轻游在雪地上。

多么短暂的一生，她汲取晨露朝晖，从树上的嫩芽到杯中茶汤，定格一生的绚丽，她从容淡定，她在沸汤中舞蹈、绽放，她毫无保留地奉献了自己，升华了自己。

不，这并非她应有的结局0设若没有采摘，她或许如别的茶枝，灿烂地开花结籽，走上另 _ 条人生道路。

她毅然舍弃自己的身体，她在炙火煎熬中蜷成一团，她忍受了多少的烟熏火焙才能化苦涩为清香。

她愿意，她愿意这样。

仅仅微香

红尘中，从来都是赴汤蹈火的道路。

你已经没有别的道路可走，每 _ 条道路都是不同的起点，最终却是殊途同归。

其实都是一样的人生，其实一切只是开始，无法预知终点何时到来。与其喧闹地度过一个午后，不如静静地品味下午茶。

绝无烟尘米面之外的人生，绝无红尘闹世以外的生活，沉沉浮浮中发觉原来人生如此寂寥，或许唯有饮者留其名。

不如落空心底，且道：吃茶去！吃茶去！世事千百年，无处说理。

你舍弃了诸多外物，只是挚爱手中的壶，那把朱泥团制而成，经过几百年的泡养，一代代人的养壶啜茶，把玩得红艳、温润、可人。

一把壶也可细说来历：团朱泥而造壶，历经陈腐锤打揉捣捏制，在炉火中升华为陶，细养后却堪比珠玉。一把壶，竟然也是历经千难万苦，方堪与清茗相配。

壶与茶，必是互相知其性情，彼此不离不弃。

你端起壶，你放下纷乱的念头，周遭人事都是你的过客。你用体温蕴养一壶氤氲清气，茶有茶的甘苦，茶有兰的清气，你又何必多此一问，还是低头饮茶吧，不管你走了多远的路。

以天地为壶，以肉身为茗，人生无非各自浮沉着，谁知道谁烹出的茶是苦涩还是甘香？

品尽清茗的人不会留下名字，如看透世事的人不会说出天道命理，一生的至味不在壶内不留口舌，都在茶瓯之外。

端起一盏茶，恍惚中已是中年，经历半生沉浮的人犹如欣欣孩童，生命尚有微香。

世事千百年，何必说理。

情人山氤南壶香
——记南靖县书洋南香茶厂法人、总经理李钦富

◎林晓文

　　走进南靖县书洋镇，恍若来到一个神奇的土楼世界。环拥着这些世界建筑奇葩的青山碧水之间，有一个名唤"枫林"的村落，村中有座形如龟背、状若覆鼎的小山。山上是一畦畦依坡而垦、修剪齐整的翠绿茶园，一高一矮两棵相思树在茶园间相对而立，高者硕长挺立，矮者顾盼温情，宛如一对天造地设之佳偶。大抵因此，这座小山被有心人称为"情人山"。

　　与附近星罗棋布的世界遗产土楼相比，"情人山"在很长一段时间内默默无名。直至2015年7月的某一天，《爸爸去哪儿第三季》节目会聚了胡军、邹市明、林永健、夏克立等明星到情人山茶园拍摄外景；紧接着孙艺菲和高原主演的《土楼春早》前来取景拍摄；2016年央视春晚公益广告《梦想照进故乡》节目也在这里开拍o明星大腕的入镜，使情人山声名鹊起，不但吸引着越来越多的青年男女前来许下爱的诺言，更成为"好摄之徒"的取景地。

　　我们远道而来，不是追寻明星足迹，也与情人山景色无关。真正吸引我们的，是情人山茶园的主人李钦富——一位有着传奇色彩的"土生土长土楼人"。

传承父技制好茶，背负行囊闯天下

与李钦富的交流，是在情人山茶园里由他亲手规划的"情人山空中观景品茗长廊"内进行的。长廊为绕山而筑的钢结构半敞式棚屋，前排是竹木瓜棚，坐在棚下，上有瓜叶藤蔓遮阳，又有葫芦垂顶；抬头远望，眼前即是风情万种的情人山，实际则为满眼翠绿的茶园。在这样的环境里，虽时值盛夏，竟不觉燥热。抿一口南壶香茗茶，更觉通体舒爽，满口生津，乏意顿消。

"我的制茶手艺，是父亲手把手教的，我的大哥和小弟也都是制茶能手，到我儿子那一辈，已经有三代人与茶结缘了。"李钦富说道。他的父亲李忠贵，中华人民共和国成立前当过老游击队员和老接头户，为闽西南解放斗争做过贡献。中华人民共和国成立后为提高人民生活质量，李忠贵发动群众开垦荒山，种植上千亩茶树，并亲手创办了枫林村集体茶场，几十年研究种茶、制茶技术，成为远近闻名的制茶能手。从小在父亲身边耳濡目染的李钦富对制茶产生了浓厚的兴趣，初中毕业后便跟父亲上山学种茶、研习制茶技术。

跟着父亲种了几年茶之后，李钦富常常为茶叶的销路发愁。1986年，22岁的他背上装满自产茶叶的行囊，只身前往省城福州闯市场。在当时几乎是安溪铁观音一统天下，其他茶叶几无立锥之地的福州，李钦富凭着过人的胆识和良好的信誉，从挨家挨户上门推销到租下数家门店实现连锁经营，终于为

141

情人山氤南壶香

物美价廉的自产茶叶争得了一席之地。

在福州市场站稳脚跟后，李钦富意识到省内市场竞争对手众多，根基尚浅的商贩难有大的发展，于是将敏锐的目光投向了北方市场。1997 年，他将福州市场的业务交给弟弟打理，自己孤身北上，来到东北重镇沈阳拓展新的销售空间。令李钦富始料不及的是，北方人豪爽而牛饮，喝茶一向以花茶、红茶为主，对讲究"工夫茶"泡法的南方乌龙茶系向来缺乏了解，接受程度普遍不高。凭着在茶叶行业多年摸爬滚打的经验，李钦富坚信"好茶叶是一定不会被埋没的"。他从结识当地闽商入手，让这些在沈阳打拼多年的福建老乡认可了茶叶品质后，再通过他们的人脉关系一步步打开局面。

返乡办厂创品牌，"南壶香"唱响沈阳

这段时间，正是福建乌龙茶风靡全国的鼎盛时期，安溪铁观音成为市场主导，经销网点在各地城乡市场可谓无孔不入；漳浦天福茗茶也以"根植福建、香传全国、名扬世界"的经营思路，在全国广泛布局直营连锁店。相比之下，李钦富的自产茶叶因品相粗糙、包装简陋始终只能在低端市场徘徊，于夹缝中求生存。是继续在低端市场挣扎，当一个小商小贩，还是改变策略创品牌，实现上档次、上层次发展呢？李钦富在深思熟虑、权衡利弊之后，

于 2001 年毅然回乡创办了第一家南香茶厂。也就是在这一年的 6 月 15 日，他向国家工商行政总局提交了"南壶香"商标的注册申请，诞生了南靖县茶叶行业第一个品牌。

有了工厂和品牌，加上精美的外包装设计，李钦富的自产茶叶终于焕然一新，改变了几年来只能在沈阳低端市场零散销售的困局，开始逐步向中高端市场渗透。这时候，李钦富又把目光投向了沈阳各大超市卖场。经过接洽了解，李钦富发现，要成为超市卖场的供货商，仅有品牌和包装是不够的。他从茶叶生产、加工过程的质量控制入手，严把质量安全关，终于顺利成为漳州市首批通过 QS 认证的茶叶企业，拿到了进入市场的有效通行证。"南壶香"茗茶顺势成为沈阳市各大超市卖场茶叶货架上的主要品种。

"目前我们在沈阳的业务主要有两块，一块是市场批发，一块是超市配货。"李钦富介绍说，"我们的品牌在漳州名气不大，但在沈阳一说起茶叶，人家就会想到'南壶香'。可见沈阳消费者对'南壶香'茶叶的认可度非常高。"从蹬着人力车走街串巷推销到进入各大超市卖场，再由沈阳辐射东北各省市，李钦富实现了从茶叶销售"游击队"向"正规军"的转型，成为东北地区数一数二的茶叶销售大户。据了解，仅去年南壶香茗茶在沈阳各大超市卖场的

情人山氤南壶香

供货额就达到 600 多万元。

成立茶叶合作社，茶农共享致富乐

成功开拓省内外市场，使南香茶厂走上蓬勃发展的快车道，李钦富无疑成了村里先富起来的"领头羊"。书洋镇枫林村海拔、气候和土壤都适宜高山茶种植，全村拥有茶园面积 8000 多亩，400 多户村民大多以种茶为主业。然而，规模化种植并未给茶农带来丰厚的回报。由于大多数茶农种植方式原始、加工工艺落后，导致各家各户自产茶叶始终无法上档次，常常被前来采购毛茶的外地商贩恶意压价。茶农辛苦一年，去掉肥料、工钱等成本，几乎没有利润可言。加之 2008 年受到全球经济危机影响，茶价更是一路跌到历史谷底，出现了严重滞销的困境。眼看茶农即将因此掉入返贫的泥淖，枫林村干部心急如焚，召集一些有见识的村民商讨对策。这时候，常年在各地茶叶市场奔走、视野开阔的李钦富萌生了成立茶叶合作社，带领茶农共同致富的想法。

"合作社的成立也是一波三折测开始只有零星几户茶农响应，大多数人则是持观望态度。"李钦富说。为了打消茶农顾虑，枫林村干部组织茶农奔赴安溪、华安等地考察、学习别人的新技术与新经验，挨门逐户动员，介绍加入合作社的好处。2009 年 9 月，由李钦富发起的联众茶叶专业合作社终于正式挂牌成立。茶农以茶山入股，合作社负责采购、供应生产资料，收购、销售茶叶成品，并根据市场需求，引进新品种、新技术，为合作社成员开展技术培训、技术交流与咨询服务，努力提高茶叶的产量与品质。"诚信经营、不欺不瞒是我的第一原则，哪怕是在全球经济危机最严重的时期，我也从不拖欠茶农的茶叶款。"正是李钦富的诚信赢得了茶农的信任，也打消了他们的顾虑，入社茶农由刚开始的 30 余户迅速发展到 110 户，拥有茶园基地 1000 多亩。经过合作社精制加工的茶叶品质也大幅度提升，不但越来越多的商贩前来采购，销售价格成倍增长，更吸引了安溪八马、寿宁春伦等外地茶企大户前来洽商合作意向。而茶叶合作社的成立，也成为"南壶香"

品牌在市场上开疆拓土的坚实后盾。如今的南壶香茗茶不但在东北、山东等地占有可观的市场份额，更成批量走出国门，在东南亚各国取得了不俗的销售业绩。

土楼老茶名气响，情人山氤南壶香

令李钦谛津乐道的是成功开发了土楼贵宾礼品茶"南壶香土楼老茶"。

2008 年初，获悉福建土楼正在申报"世界遗产"的李钦富嗅出了一股商机，决定开发一种能体现土楼文化的茶叶精品。他以土楼深山自然生长的百年野生老茶为主要原料，经过炭火烘焙、挑选等多道工序精工细作，再配上专门设计的土楼艺术造型陶瓷罐包装，一个将土楼与茶叶完美结合的新品种"南壶香土楼老茶"就此诞生了。

"南壶香土楼老茶的主要特点就是纯野生、纯天然，未施任何化肥、农药，每年只在明清节前后采摘一季，制作成品后还要在阴凉干燥处密封存放几年至几十年。"李钦富介绍说，"南壶香土楼老茶外形紧直油润，冲泡后汤色橙黄清澈，香气浓郁；细饮一口，气味醇醋、古韵弥香，回甘力强。还有一点是经久耐泡，冲泡时以紫砂壶最为适宜。"

情人山氤南壶香

    2008 年 7 月 6 日，在加拿大魁北克城举行的第 32 届世界遗产大会上，福建土楼被正式列入《世界遗产名录》。喜讯传来，土楼山村一片沸腾。在庆祝土楼申遗成功的福建土楼文化节上，时任市、县领导看到李钦富开发的"南壶香土楼老茶"，无不交口称赞："这个产品具有土楼特色，很有代表性。"随即被定为土楼贵宾礼品茶，市场销售势头一路看好。可以说"南壶香土楼老茶"的成功开发，让李钦富尝到了茶文化与土楼文化相结合的甜头。

    南香茶厂所在地枫林村距离云水谣景区不到 4 公里路程，距离著名的"四菜一汤"田螺坑土楼群也只有 10 公里，地理位置得天独厚。随着申遗成功，福建土楼旅游逐年趋热，慧眼独具的李钦富意识到，在南香茶厂的茶基地发展与土楼文化相结合的茶园生态旅游项目势必大有可为。

    "单凭做茶叶品牌与市场销售，我们难以和安溪铁观音、平和白芽奇兰等大品牌相比。但我们也有自己的优势，那就是巧妙利用土楼茶乡的旅游资源。"李钦富一边说着，一边摊开手中一张图纸。这是一张尚未最后定稿的《土楼情人山茶园景观规划平面示意图》，我们所处的"情人山空中观景品茗长廊"正处于规划图的中心地带。周围是一览无余的万亩生态茶园，总体规划以情人山为中心，未来将打造成以永恒爱情为主题，融茶园休闲观光、垂钓娱乐、采摘品茗、赏月观星、婚妙摄影和德育实训为一体的户外活动大观园，为游客开辟一条新的土楼茶乡生态旅游线路。在完善基础设施配套建设的同时，为给情人山注入更多的文化元素，李钦富还专门请人创作了《情人山》歌曲，并筹划拍摄以土楼和茶园文化为背景的爱情微电影《情人山》。目前歌词和微电影脚本已经成稿，虽未正式录制开拍，但仅就眼前景致而言，演绎的无疑将是一段唯美的浪漫爱情故事。

骑荡的山风浸润着淡淡的茶香。我一边喝着南壶香茗茶，一边把玩手中的名片。名片上有着这样的信息：南壶香——福建省著名商标、中国特产业优秀企业、漳州市级龙头企业……李钦富——漳州市海峡两岸茶叶交流协会副会长、南靖县政协委员、南靖县书洋南香茶厂法人、南靖县联众茶叶专业合作社理事长、国家级高级评茶师……这些信息，倾注着李钦富多年的心血与汗水。如今的他在土楼情人山拥有300多亩自营茶园，亲手创办了三家南香茶厂，开了近20家连锁门店，茶叶品种涵盖土楼野生老茶、红茶、铁观音、绿茶、白芽奇兰、大红袍和茉莉花茶等，市场遍布大江南北，并远销东南亚各国，年销售额达数千万元。在这些成绩面前，李钦富没有高调的做派，而是用平和的口吻说道："我是土楼人的儿子，祖辈给我留下了土楼与茶叶两大珍宝。我为自己能为土楼茶产业的发展做点事情感到自豪与荣幸。"这个土生土长的土楼人，平凡中透着不简单。

临别，李钦富又带我们参观了位于山脚下的一家南香茶厂。虽然已错过茶叶采摘加工季节，我们未能目睹南壶香茗茶的制作过程，但仍然在库房内看到了一箱箱待运的成品茶叶，这些散发着淡淡幽香的茶叶即将装车发往沈阳各大超市卖场。李钦富对南壶香品牌的释义是"让南靖茶叶在千家万户的茶壶里飘香"，这一点，我想他已经做到了。

茶香何妨山高远

◎林 艳

　　南靖县古称"兰水"，古时就因多出名兰佳品故有此称，听来就特别有诗意。而南靖本土文化有世界文化遗产——土楼，还有茶文化也源远流长。现在它为越来越多各地的人所认识，也并不仅在于它的风景、物产，更在于它的文化，让更多人走近它，去欣赏去品味。

　　第一次认识南靖，是因为我师范的好朋友，她的老家在南靖和溪镇，她常自豪地提起那里的热带雨林。走进南靖就在一个国庆节行动了。那时公路正在整修，我们一路停一路等，颠簸了好几个小时终于到了我们的目的地。一下车，好朋友的父母就端出茶来，茶汤亮黄，疲惫的我们一饮而尽，顿时神清气爽，旅途的困顿在这一饮之间烟消云散。好友的父亲说这是本地种的茶叶泡出来的。我们不约而同地夸赞好喝。

　　第二天，我们要进乐土热带雨林时，细心的阿姨泡上茶，吩咐我们带上茶水，以防口渴。第一次进入热带雨林，我们就被它的美丽所吸引，那一株株藤条，那一棵棵古树，阳光从高高的树梢泻下，无数条美丽的光线照射下来。这森林如此凉爽，这绿意如此盎然，还有山泉叮咚叮咚。我当时心里就想：南靖真美，有这么棒的热带雨林，真是一片乐土。走累了，我们停下来，喝喝茶，说说话。这茶水此刻如此甘甜，润喉润肺。我们边喝边不停称赞着，一起去的另一个同学也是这里的乡人。他说下午去他家就可以看到茶园。他家住在山上。这里的乡民也有种茶的，种的多是铁观音，种得好的就像是安溪的铁观音，种得不好的就是土茶，但口感也还不错，一般自给自足。我们喝的这个茶水，就是本地的铁观音。茶色清黄，有种淡淡的香气，却令你口齿留香。

我父亲母亲向来是不喝这种茶的。犹记得小时候，祖父还在时，他每天早上起来都要先喝一杯茶，是老牌的"一枝春"茶叶。我曾经好奇偷喝过，又苦又涩。祖母也喝茶，我常要帮她洗茶盘，有一次洗坏了一个杯子还被她责骂了一顿。所以我偏爱喝母亲煮的菊花茶、桑葚茶和草药茶。但今天喝的这南靖土地上生长的观音茶，觉得也很不错，别有一番滋味，那股清香如此淡，却淡中有味，我不禁喜欢上了它。

"酒香不怕巷子深，茶香何妨山高远"，这句话用来形容同学故乡的茶还真不为过。我们爬了很久的山，走了很远的路，才来到山上的同学家。山上是一个村，村民不多。自山上望去，一片葱绿，屋前房后，青菜野草，果树鸡鸭，田园乐呀！我们不禁沉浸其中。同学的母亲端来了茶，说是自家种的茶叶，看上去绿绿的，闻起来清香雅韵，冲泡后有天然的兰花香，香气袭人。我们端起来嗅，一股清香沁人心脾，我都舍不得喝，同学说这是铁观音。我品了一口，滋味醇香，口齿存芳。我们坐在青山环抱中，一张木桌子，一壶清茶，几个十七八岁的少年谈天说地，"俗人多泛酒，谁解助茶香"。这样的田园风情人生几回享？茶没了，同学的妹妹穿着布衣又来接着续茶。难怪古人多爱住山间，这山中的茶真是有一种"不食人间烟火"的清静。

"野泉烟火白云间，坐饮香茶爱此山。"喝完这清香的茶，我们来到同学家种的茶园。在田园中穿越，特爱田塍上的小野花，明艳着这个秋季。

一阵风吹过，茶园的清新空气扑面而来。原来这可口的茶叶就是从这低矮的树上采摘下来去加工的。绿油油的茶树叶并不起眼，看上去那么朴实，那么接地气。想起曾经在电视上、书上看到描写采茶姑娘在茶园的风情，此刻就在眼前。虽然是小小的茶园，但也需要用心经营，在气候、海拔、施肥方法、施肥量、采茶天气、制作方法等方面都要事事兼顾，所以种茶是匠心独运的一件力气活儿。

南靖真是山清水秀，气候宜人，它的高山、土壤等种茶条件得天独厚，是闽南乌龙茶传统产地之一。然而，那时在南靖，茶叶并没有被当作一项产业来开发，茶农们的茶叶种植和制作技术滞后，种茶效益一直较差。而同样

是闽南乌龙茶原产地的安溪县，铁观音茶叶却是当地茶叶价格的十倍甚至上百倍，十分畅销。

"船到桥头自然直。"21世纪初，南靖在历史上首次把茶叶确定为一项农业主导产业加以扶持和壮大。茶园产业开始渐渐顺风顺水，有势如破竹之场面。一场大刀阔斧的茶叶品种结构调整在全县各茶叶产区大面积铺开，老茶园被更新改造，重焕生机；全县优良茶叶品种比例也从原来的20%提高到了90%以上，早、中、晚芽品种比例更趋合理，区域茶叶品种结构告

别了"单一种植"的历史，出现了"名优荟萃"的喜人局面。

南靖和溪山上的这个同学毕业后回去教书，也自己种茶了。前几年春节我们一起参加同学的婚宴，说起曾在他家喝的茶，我还赞叹不已。他朴实地笑了，说可以再去，现在的路修得非常好，也可以走高速，一个多小时就到了，非常方便。现在不仅种观音茶，也开始种丹桂品种的茶。丹桂是福建省农科院茶科所历经 19 年从武夷四大名枞之一的肉桂自然杂交的后代中选育的一个高香、优质、高产的乌龙茶新品种。该品种茶叶香气奇高、滋味醇厚、外形翠绿、汤色金黄，而且 egcg 含量（表没食子儿茶素，没食子酸酯，系抗癌物质）是所有茶叶中最高的，其品质可与安溪铁观音相媲美，是闽南乌龙茶中的珍品，而且经试验后证明非常适合在南靖种植。县里的推广也到了他们山里。他也种了一小片茶园。每回在茶园劳作，虽是辛苦，但能喝到自己种的茶，并把它分享给亲朋好友，也能卖出一些收回成本就非常开心了。回去以后，他托同学给我带来了他种的茶叶。我本不是一个善品茶的人，但从茶里看出了同学的情意，这茶叶香气浓厚，泡起水来茶色金黄，喝起来醇正。听说这丹桂是南靖茶叶的主打品牌呢！我给同学打电话夸他的茶好喝。同学还是朴实地笑了，说他们那里茶园小，种不出更好的茶。南靖书洋的茶园声名在外，每年的产量都是好多好多的。

南靖书洋镇，我曾在工作后的第二年去过，曾是一个很偏远的地方，

茶香何妨山高远

但山清水秀。那里的土楼特别多。南靖真是个资源丰富的好地方，有原始森林，有土楼，得天独厚的环境。时隔十年，福建土楼群（漳州南靖土楼、漳州华安二宜楼和龙岩永定土楼）申请世遗成功，南靖土楼正位于南靖书洋镇，四周群山环抱O听了同学的介绍，我不禁跃跃欲试，于是在一个春天我再次来到书洋镇，不仅想再看看土楼，更想看看那里的茶山。那时春雨绵绵，我们出行的心情就像春雨滋润下的草叶儿那般欢快。时间在车轮底下的公路延伸，不知不觉我们已进入葱茏的山区怀抱O雨仍旧缠绵地下着，远近的景色不时跳入我眼帘。在春雨中，远近的山都雾蒙蒙的。很少看到这样的山雾这样的山景，惊异于这样的美丽。有的云雾仿佛给山戴上了别致的白帽子，有的却像一条纯洁的"哈达"，有的调皮地快速飘过，一会儿就不见踪影。我不眨眼地欣赏，却想起了一副对联的上联"雾锁山头山锁雾"，这真是眼前美景的最好写照。当地人告诉我这里的山上很多都是茶园。那一层层梯田上种的就是茶树。远远望去，这茶园在春雨的滋润下绿意盎然，这绿油油的景象真像画家笔下的生机。这些茶园与南靖土楼田螺坑景区、云水谣景区遥

相呼应，互为衬托，美不胜收。很多来土楼景区的游客势必一起上山来看日出日落，一起看雾漫云起。漫步在这漫山遍野的茶园里，满目苍翠，令人心旷神怡。我眼前仿佛出现了很多身着艳丽服装的采茶姑娘正在茶山采茶的情景，她们边采边歌，歌声飘扬在座座山头，这茶树更加美丽、清新。茶园流动着一股茶的清香、芬芳。我们不禁深深呼吸，心情格外愉悦。这茶园给我们太多漫想。有很多摄影爱好者也都流连在这茶山上，攫取着天然的镜头。这里不仅带给村民们经济利益，推动县里经济的发展，更是成为一片乐土，成为人们的旅游好去处。来茶山走走吧，这清香、这绿意定当把你心头的阴霾一扫而空。

在这块肥沃的土地上，还有很多座茶山。茶产业已成为南靖县农村重要特色优势产业。很多立志有作为的青年回到家乡来发展茶产业，如2007年，"土楼老茶王"李钦富注册了南靖县首个茶叶商标，在枫林村建立起茶叶基地。后来，他又看准福建土楼申遗成功的商机，将土楼文化元素与野生老茶相结合，研制出土楼老茶系列产品，带动了当地茶农，促进了茶产业的发展。

如今，南靖茶叶的身影在各种行业会上十分活跃。来吧，来南靖这片乐土走走，来茶山走走，品品南靖的特色茶，你感受到的不只是热情好客，你定会沉醉在这漫山的茶园中，深呼吸这茶叶的香味，流连忘返。这悠远流长的茶文化会让你更加热爱这片土地。

穿旗袍的金观音

◎托　地

我知道葛竹是因为朋友小赖。每年春分过后那段日子，小赖都会魂不守舍，想尽办法回乡下的老家待几天。

他的老家叫葛竹，在南靖的大山里，那里离平和的芦溪不远，翻过山就到了。

今年春分刚到，小赖特意请我喝茶。为了表示隆重，他在侨村的大树底下摆开架势，把工夫茶的八道程序——"白鹤沐浴、乌龙入宫、高山流水、春风拂面、关公巡城、韩信点兵、赏色闻香、品啜甘露"复习了六七遍。他倒出来的茶叶色泽黛绿，形如珍珠，掉到盖碗里叮当响。泡出来的茶汤金黄清澈，味醇鲜爽，香气清高，恰似高山下来的得道高人，手里轻轻拈着一朵含苞欲放的白玉兰。细啜一口，柔润滑顺，让茶汤在口腔来回翻滚，可感觉到独有之清香在口齿之间回荡，久久不去。喝饱了开水的茶叶绿莹莹的，镶了一圈红边。七泡过后，空气中余香袅袅。"真好！这不是铁观音？"

小赖说："对。这是我家乡的高山云雾茶，叫金观音。"

我是个有好奇心的人。好奇就是吃到好吃的鸡蛋还想认识下蛋的母鸡。

他说："这是我们玉春姐的金观音。玉春姐很好认的，她天天穿着旗袍和高跟鞋。"

他说："葛竹的枳实花开了，周末我带您去看看，看了您就知道为什么我每年一到这个时节就想回家了。"

过了南靖县城不远，车就拐进竹林树海里去了，空气陡然清爽起来，肺快活得差点儿喊出声来。山一点一点高起来，云一点一点矮下去。远远的树林竹丛背后，偶尔闪出大大小小的村落，一座座土楼耐心地点缀在村庄的各个角落。

山深菩萨多。竹林树海里埋伏着不少菩萨，这些菩萨不叫菩萨，叫"xx公王"，其中一位叫"民主"，全称"民主公王"。公王们怕香客找不到烧香的地方，都特意在路边立了指示牌，箭号画得大大的。

约莫在树海竹林里穿行了30公里，眼前突然一亮：世外桃源到了！

那是一块盆地，盆地里有一个大村落，淹没在 _ 片白色的花海中。

小赖说，那就是枳实花，葛竹到了。

细雨刚过，环村的小溪两岸、村里的房前屋后、河谷山坡都是枳实树的身影。白色的花儿缀满枝头，像落满了厚实的白雪。微风吹过，满地满溪的白色花瓣。远处，农夫解下蓑衣甩一甩拐进土楼里。面前，水牛在溪边懒懒地卷着青草，翅膀蓝闪闪的番鸭在水面打着瞌睡。小桥流水、古屋残墙，连绵的花海与村庄、溪流交相辉映，我的脚一下就种在了村口，差点儿走不动。

难怪小赖要赶回来。

村里的公鸡闲得无聊，约齐了把尖睡在翅膀底下。见到我这个陌它们猛然想起自己也是鸟类，于是扑棱棱飞到土屋前的树上，把一棵枳实花树站得五彩斑斓。站定了，最大的那只脖子一长，"喔喔喔"吼了一阵，其他的公鸡很有核心意识，连忙一起帮起了腔。枳实花吓了一跳，纷纷跌下树来，跌得满地满肩膀都是花瓣，无处下脚。

这里四面环山，古木参天。站在葛竹山下的古道旁眺望，山腰间绕着几道白云，溪边山丘间茶垄层层，一块块翠绿在云雾里时隐时现，比墙上的风景画还美上三分。

小赖说，葛竹紧靠世界文化遗产土楼风景区，有着无法复制的地理坐标及优越的茶叶生长环境，特别适合种植高品质的高山云雾茶。这里的茶园最高海拔 1440 米，最低海拔 826 米，山涧流水潺潺，常年烟雨蒙蒙云雾弥漫，雾期在 240 天以上，年均气温 11.2 无，年均降水量达 1600 — 2900 毫米，更要紧的是土层深厚肥沃，有机质含量丰富，不施农药，无病虫害，种出的茶叶条索紧细内质优良，清香馥郁沁人心脾，饮后回味绵长，是名副其实的绿色食品o

半山腰的茶园里有一个穿旗袍的中年女子，手起手落，就像一件移动的青花瓷，优雅端庄。

果然是玉春姐。她正带着一群远道而来的客人现场采摘茶叶："看，两叶一心，就这样……"

玉春姐全名赖玉春。她是大名鼎鼎的"翰林府派下第九代制茶传人"，高竹金观音茶叶专业合作社的理事长。

葛竹村地处南靖县西部，以前归平和县芦溪镇管辖，1954年划归南靖县南坑镇，九龙江西溪的源头就在这里。

据《葛竹村赖氏族谱》等记载，葛竹村在历史上出过举人、进士。最出名的是清朝翰林院编修赖翰颙。赖翰颙，字孚仲，号竹峰，1697年出生于葛竹村"葛天隆寺"楼，1732年参加壬子科乡试考中第82名举人。1733年参加会试考中第二甲第69名进士，殿试后被雍正皇帝选为翰林院庶吉士。1736年，被授予翰林院编修加一级。1747年，乾隆皇帝特派他任都察院六科掌印给事中。1749年，赖翰颙上表辞职。在故里居住期间，他引进了优良茶叶品种铁观音和红柿、绿衣枳实等水果、中药材在家乡种植，促进了山区经济的发展。

赖玉春说："1964年，时任南靖县长郑本道在葛竹村开发创立葛竹茶场。我的父亲赖甲乙应聘为制茶师傅，潜心制茶。"改革开放后，赖甲乙承包经营葛竹茶场，带领高竹点的广大村民利用得天独厚的地理条件大力种植茶叶。20世纪80年代，赖甲乙制作的葛竹铁观音多次被龙溪地区茶叶公司评为"特级铁观音"。当时，茶叶界尊称他为"老艺仙"。

大学毕业的赖玉春原来是个老师，每逢寒暑假她都会帮父亲料理茶厂。

穿旗袍的金观音

2001年市场行情不好，老艺仙收回来的茶叶销量不佳，一筹莫展。茶农们赚不到钱，纷纷丢下茶园到外地去打工。为了留住乡亲留住茶园，望着年迈的父亲，赖玉春思来想去，最后痛下决心辞去教师工作，接下了父亲交给的重担和从赖翰颙开始的制茶技艺，成为了"翰林府派下第九代制茶传人"。

赖玉春专心投入茶叶研究，考取了国家级高级评茶员。

2012年11月，高竹茶叶迎来新的春天。在当地政府的支持下，赖玉春整合资源成立南靖县高竹金观音茶叶专业合作社，把葛竹、高港、金竹三个村的_千多户茶农组织起来，形成一个集团。合作社积极为高竹点广大社员提供产前、产中、产后服务，并注册了"高竹金观音"和"土楼高竹金观音"两个品牌商标。

赖玉春有几十件旗袍。她踩着高跟鞋在茶园里上上下下如履平地。

她为什么天天穿旗袍呢?

"金观音是中国农业科研者以品种最优的红心歪尾铁观音茶种为母本、黄金桂为父本，用杂交育种法育成的无性系新良种茶叶。"赖玉春说。葛竹一带优越的地理条件，生态化的茶园，传统的制茶技艺，特别在最后一道工序沿用祖辈炭火烘焙方法，造就了高竹金观音的优质茶叶品牌。

但是，金观音如深闺里的美女，知名度一直上不去。

在茶产业链上，一个公开的秘密是，种茶不如制茶，制茶不如卖茶。渠道商最赚钱，茶农最不赚钱。

茶叶要卖得好，知名度是命根。

赖玉春接过父亲的衣钵后，种茶、制茶、卖茶，埋头经营12年，企业却只能维持基本运转，这让她很受煎熬。幸好她当过多年的老师，有足够的耐心和信心。她的信心来源于她珍藏多年的野生茶，这些宝贝，就珍藏在不起眼的编织袋里，价值上千万元。

2013年，从来不穿旗袍的赖玉春特意定制了旗袍，买了高跟鞋。她等待了12年的时机终于来了。2013年10月，赖玉春带着珍藏了12年的野生茶在中国茶叶博览会上惊艳亮相。

先围上来的是女客户，她们被赖玉春身上的旗袍吸引了过来。她们过来欣赏了解这件旗袍，顺便坐下来喝茶，喝赖玉春泡出来的野生茶。一喝，喜欢上了，开始订货，成为了第一批客户。

穿着旗袍的赖玉春优雅干练，表达富有激情，让人耳目一新，每个人都充分感受到了她的底气。

各路媒体纷纷围了上来。

采购商蜂拥而至。他们在感受野生茶的自然温润的同时，知道了世界文化遗产土楼风景区，知道了"长在云雾中、采在阳光下"的金观音。

赖玉春巧用这招借力营销，走出了事业的低谷。

现在赖玉春拥有茶叶种植面积 2000 多亩。2016 年赖玉春的南靖县高竹金观音茶叶专业合作社的销售额达 1000 多万元。2013 年，赖玉春的茶叶被中国茶博会组委会授予"极具发展潜力品牌"。2015 年，高竹金观音茶叶专业合作社被评为"福建省农民专业合作社示范社"。

更重要的是乡亲们回来了，传承了几百年的茶园又生机勃勃了。这个高山村庄的命根子又发芽了。乡亲们有了钱，日子重新红红火火起来。这正是她父亲当年最大的心愿。说起父亲，赖玉春眼眶又红了。

正是从那次茶博会起，赖玉春爱上了旗袍。从此，穿旗袍、高跟鞋的赖玉春成为了金观音的形象代言人，她走到哪里，哪里就有一尊移动的金观音，穿着优雅的旗袍。

人生似茶忆初心

◎唐 盛

　　春日，行走在南靖的云雾山中，我常与一块块绿油油的茶园邂逅。园中那一丛丛翠生生的茶树，在东风化雨里舒眉展笑，与满山花草竹木一起，生机萌动着万紫千红的春天。此时此景，我仿佛听到每片嫩芽初露的茶叶，都在用生命的初心呐喊："为人类奉献青春，让世界充满清香！"从幼嫩走向成熟，自浓郁回归淡雅，茶呀！你始终不忘在惊蛰时节向天盟誓的初心。所以，在往后的日子里，不管是摘，是晒，是揉，是焙，还是沸水冲泡，你都在无怨无悔的奉献中散发着神韵悠长的清香，并以这种清香去沁人心脾，去润人修身，这是何等伟大的抱负和崇高的品德啊！

茶如人生，我们也有自己的初心。我们的初心是什么？是两小无猜时的青梅竹马？是小学作文里的《我的理想》？是风华正茂岁月中的青春放歌？是初恋时卿卿我我的海誓山盟？是鲜红党旗下那高举右拳的庄严誓词？……啊，茫茫人海，滚滚红尘，有多少正能量的初心，为自己树立起人生标杆！这样的初心，是纯洁而美好的。它是人生之旅前的准备与希冀，是迷途困境中的反思与信念，是事业腾飞时的恪守与坚持，是铅华褪尽后的淡定与从容，更是在追求真善美过程中回归本真质朴的守望！

　　人生似茶，茶里乾坤大，壶中哲理深。只有历经风雨，才能见到彩虹；只有踏平坎坷，方显英雄本色。因此说，茶，是净化心灵的仙丹神药，是提高自我修养的经典诗赋。选择品茶，就是选择人生的淡泊与超然，以茶为友，就是结识生活的简单和优雅。

　　鲁迅先生在《喝茶》文中说过："有好茶喝，会品好茶，是一种清福。"让我们举杯享受这种清福，以淡雅之情品茶香的韵味，用宁静致远之心感悟人生的真谛。

人生似茶忆初心

深山古茶情韵浓

◎许少梅

　　虎伯寮的春天总是美丽的，色彩斑斓，山花烂漫。春天到了，万物又吐新芽，红的，绿的，黄的，奇艳争香。此时不仅是踏青赏花的好季节，更是春茶采摘的最佳时节，特别是清明节前后那几天。

　　大山宁静、舒雅，晨曦透过树梢一缕缕地洒向大地。一支特殊的采摘队伍，神秘又与众不同，悄然入山。或是神色庄严，或是兴奋；或是悄然交谈，或是爽语高呼。有身背篓筐的茶农，有黄袍加身的道士，还有身穿旗袍婀娜多姿的美女，甚至还有打着横幅和扛着摄像机的电视台记者。这群不速之客的到来，给这美丽的原野带来轻许的骚动和惊扰，或是树叶沙沙，或是竹叶拂脸；或是雀跃翻腾，或是松鼠惊恐，仿佛都好奇地在探询，这么一群"外来物"。

原来，在这大山深处，有一种宝贝在吸引着他们，那就是虎伯寮的百年老茶树，一种被外界公认功效无比的老茶。老茶生长在虎伯寮深山里，都是百年以上，野生野长，饮风食露，不用管理，不用施肥浇灌，每年的春天，这群特殊的"寻宝人"都会翻山越岭地到此赏茶、采摘、品鲜。老茶树干又高又粗，树叶绿得冒油，与这一大片珍稀原野树木在一起，不仔细看，还真看不出有所不同。这些茶树大部分都有二三层楼房那么高，有的树干要一两个人合围才能抱得过，树皮苍老，虬枝满身，树叶基本是长在高高的树梢上，比普通叶片更粗厚更浓大，但嫩叶却依然嫩绿尖细。

南靖属于亚热带海洋性季风气候，森林覆盖率达到74%，山高林密，丘陵众多，风景美丽独特。除了虎伯寮，还有乐土、鹅仙洞、紫荆山也都是保存完好的国家级自然保护区亚热带原始雨林。这些保护区一个比一个漂亮，被植物学家誉为"闽南的西双版纳"。据史载，早在南宋期间虎伯寮一带曾经居住着上万人的群体，他们农耕木作，生儿育女、种药品茶，幸福地沐浴着上天赐予的雨露天珍，幸福地生活着。也不知道过了多久，这种幸福竟然被迁徙了，也许搬迁，也许消失了，反正现在的虎伯寮除了依稀残存的原始足迹，除了鸟儿、松鼠等森林族人王国的成员们，再也找不到人类炊烟和喧闹。虎伯寮恢复了原始和宁静，甚至是曼妙。瀑布从山顶川流流而下，缓缓下滑，时而飞流欢溅，时而蜿蜒顺滑，像一个柔美的少女，矜持又调皮，不停地诱动着那悄然怦动的心。泉水流过的地方长年累月都是湿的，连石头都渗透着干渴的诱惑，像少女汗浴后的萌动，一点一滴地融入和渗透，也把伟岸的青山滋润得更加绿意盎然。大山经过无数次雨水的冲刷、渗透和洗礼，又经过岩石和土壤的层层沉淀，才挤出了晶莹剔透的天然"乳汁"，从落叶中，从沟坎里，汇集到溪涧河流。河水清澈透底，竹叶微拂轻舞，大地奏起了森林的乐章，绿树倒映，将水中的蓝天白云完美地糅合成一幅完美无瑕的图案。

据了解，现在存活的老茶树不多，茶农们把它们当宝贝，也因为成长时间长，很多新茶树种都是从这些茶树上嫁接而来的，所以某种意义上，这

—深山古茶情韵浓

些老茶树就是现在茶树的祖先。茶迷们对此特别敬重和珍惜，把它微妙神化，每次采摘都会挑个好日子，举行一个神圣的开工仪式，感谢大自然的赐予，感谢先辈的厚爱和传承。因为树长得高大，所以采摘者每次都得搭个架子才能采摘得到。为了表示对大自然的敬重和感恩，更为了彰显它的灵气和仙韵，采摘都是挑选一些美丽的妙龄少女。开采在隆重又严肃中进行，穿着美丽旗袍的姑娘们缓缓地爬上已经搭好的木架子上，用纤细柔和的双手将新的嫩芽一片一片地采摘，一片片地收集在竹篮中。那专注、那凝重就像天上的仙女在为王母娘娘精心收集仙水和露珠一样。五颜六色的旗袍在绿叶中穿梭，唯美到位，再加上姑娘们爽朗的笑声，让人疑入仙境。森林里不时还会传来优美的歌声，空灵回放，有茶歌，有情歌对唱，更有虫鸣鸟叫伴乐，整个原始大山焕发出收获的节奏和快感。在这深山里，依稀都能感觉到曾经的气息和流失的光华，从灌木丛中，从虫鸣鸟叫中，特别是那高大耸立的老茶树上。

南靖茶品种类众多，有铁观音、毛蟹、梅占、本山、丹桂等多个品种，基本属于乌龙茶，而虎伯寮的茶叶也是属于乌龙茶系列，叫单枞乌龙茶，是乌龙茶系列的一个极品。嫩绿的毛芽在心灵手巧的姑娘们手中一个个脱离了母体，成功地享受分娩的疼痛和快感，在集结和对撞中跳跃、欢舞，散发出阵阵的茶香。姑娘们忍不住边劳动边把茶叶放进嘴巴里咀嚼，不仅香味久存，还可以生津回甘解渴。

由于深山茶树不多，每年采摘回来的

量也不多，茶农们总是小心翼翼，珍惜着每片叶子，不敢大意，不舍丢弃。刚采摘下来的茶叶在茶农的精心挑选下，准备着生命的另一个蜕变和升华。萎凋、发酵、杀青、揉捻、干燥等，每一道制作工序都是将生命推向另一个高潮必不可少的过程。原来的茶叶制作讲究的是技术、火候，更讲究制作的环境、心境和文化，而虎伯寮老茶最适合这地方。茶叶制作依然是用最原始的方法，也没有远离保护区的区域。

在清澈见底的山涧旁，茶迷们请来了高级的制茶师，制作在优美天然的环境中进行。茶叶在中国出现和发展已经有几千年的历史，听说是在神农尝百草的时候，不小心"茶"就诞生了。原始的大山养育着老茶的生命，让它滋长和繁衍，或许今天我们喝的茶是经历长年累月的演变才达到如此的醇清。

老茶有两种说法，一种为制作存放时间久叫老茶，而另一种是茶树本身成长时间长，叫老树茶，也叫老茶。陈年老茶味醇、气淡，好喝养生，清凉解毒不伤胃，而高山老茶更是如此。老树茶与普通的茶不仅在制作上、工艺上不同，更是在文化讲究和品茶格局上有所不同。如《茶经》曰："其火用炭，次用劲薪。"烤茶的火，用炭为好，最好不要用火力猛的木柴如桑、槐、桐、栋之类。曾经烤过肉，染上了腥膻油腻气味的炭，或是有油烟的柴以及朽坏的木器，都不可用来烤茶。用水也非常讲究，《茶经》云："古人有劳薪之味，信哉。其水，用山水上，江水中，井水下。"煮茶用的水最好的是山上的山泉水，其次是江中央的水，再次是井水。

深山古茶情韵浓

　　茶是"国饮"，也是世界三大软饮料之一。茶，在以前基本上是用煮的，现在才用泡，特别是福建闽南人和广东人，更是讲究，所以叫"工夫茶"。据考评，古时候中国人饮茶是从鲜味生吃咀嚼开始，后变为生叶"煮饮"或"吃茶"，而到了宋元以后，慢慢地从粗放向精工a展。宋元以后，改"煮茶"为"泡茶"，不加调料，使泡出来的茶更加清香、甘醇，而到了唐代，茶文化更是得到推广和流行，饮茶成为一种时尚和风气。不管过了多久，"煮饮""吃茶""泡茶"等多种饮茶方式，在现在依然存在。"煮饮"也叫"煮茶"，在一些地方依然流行，特别是这几年湖南的黑茶，依然还流行和推广用"煮"，或改为"蒸气煮"；而"吃茶"却是在北方或少数民族中进行，把茶叶碾成碎末，筛细，冲水或加入作料，调成糊状喝下，而客家人更讲究和精于此道，他们会在调成糊状的茶水中再加上一些野菜、猪肝、大肠、猪腰等自己喜欢吃的东西放在一起煮，叫"擂茶"。喝茶在北京也很有特色，叫"盖碗茶"。在漫长的中国茶文化之中最负盛名的当数闽南、台湾、广东等地区，更是把茶文化演绎得花样多姿、有声有色、与众不同，所以被称为"工夫茶"。"工夫茶"有着深厚的历史文臌蕴，觐到每家每户。

　　茶性本苦，但却能回甘生津。单根乌龙茶也是有这特性，但因为工艺的纯良，使其苦味涩性都全然去除，且汤色金黄、醇雅，入味甘甜，生津解渴，口齿留香。

　　不管是"煮茶""吃茶"或"泡茶"，都得讲究个"品"字。记得世界文化大师林语堂先生提出了经典的"三泡说"，也就是说：茶在第二泡是为最妙，过了三泡后的茶就不好喝了。我的理解是，喝茶除了解渴和功效需求，更重要的应该是品茶，是心境，更多的是修心养性、参悟人生。在品茶之前来个"转碗摇香"，更是沁人仁、脾，神荡魂回。林语堂说："只要有一壶茶在手，中国人走到哪里都是快乐的。"是的，只要有一壶茶在手，我们都会很快乐，特别是一壶上好的百年老茶，更是醉意人生。

梅林高山青，香中别有韵

◎魏 民

一

茶在南靖有着悠久的历史。

在唐代，南靖有一个造反头子叫柳畲，他带领畲民反抗唐政府。传说这位柳大将军，青面獠牙，赤裸上身，腰绑树叶。在行军打仗之余，就在山野茅寮边，一边摇着芭蕉扇，一边取山泉水，烧起风炉，烹煮起大叶野生茶来，自得其乐。这些原生态茶，味道苦涩，但没有药残、没有化肥、没有激素，用现在的话说，是绿色健康无公害安全食品。这在当时显得那么稀松平常，但在现在，这简直就是一种贵族式的奢侈和享受啊！

明代海运发达。万历年间，南靖开始有人成片种植茶叶，一些跑南洋的商人，开始贩运茶叶，赚取"外汇"。

至清朝，南靖有个叫赖翰颙的，乳名恳，字浮仲，号竹峰，世居南坑葛竹村"葛天隆寺"土楼。这位贫困学子，于雍正十年(1732)，一不小心，竟考上了壬子科举人，次年又不小心，登癸丑科进士，乾隆朝官至翰林院编修。乾隆己巳年(1749)，"以母老，乞养归"。

这位赖翰顺老哥的可爱之处，是在1751年乾隆下江南时，老态龙钟的他，竟然颤巍巍地跑去见圣上，还带了他家乡的高山茶，当然是特制的精品。皇帝一泡，哇塞，不得了，不但芳香四溢，口感还一流！皇上_高兴，就选为贡品，成为南靖无上的荣耀，也使南靖迎来了茶叶的第一个黄金期。

据说随行有个叫蔡新的宰相，还留下一首咏茶诗：

玳瑁名山迎帝临，滴水龙泉高峰顶。

金仙岩边有八景，万亩茶园万担银。

二

梅林，位于九龙江西溪上游，南靖县的西北部，是客家土楼所在地，自然条件优越，在发展茶叶生产方面，具有得天独厚的"地利"。

元至正年间，魏徵第十八世裔孙魏进兴卜居梅林。从此在这"疏影横斜水清浅，暗香浮动月黄昏"的梅溪两岸，建筑土楼，繁衍生息，自然也开始了茶叶的种植史0一些族人，在山边畬地，房前屋后，小规模地种上十几株茶树，茶叶品种主要是大叶苦茶、红芽菜茶等本地品种。茶树也没有修剪，任其自然生长。制茶工艺简陋，都是手工操作。产量低，主要为自产自销，没有形成商业化。在明清至民国漫长的时间里，梅林地处山区，交通不便，一般家庭是极少喝茶的，偶尔有客人来了，都是筛一碗白开水敬客。茶在当时是奢侈品，只有大户人家，或者文人雅士，"有朋自远方来"，才会在客厅里生起炉火烹茶。

梅林的伯公座，位于村的西部，与砾头村毗邻。20世纪60年代，梅林大队召集社员，组成"建设兵团"，当时名叫"梅林耕山队"，进军伯公座，砍掉杂树，劈去荒草，"烧山练山"，硬是用锄头开辟出一块一块的果园，

梅林高山青，香中别有韵

一梯一梯的茶园，面积约 500 亩，具有一定的规模。一时间，几座山头的荒山，桃红、李白、茶青、橘红。梅林大队农场的茶树，主要引进安溪铁观音、梅占、毛蟹、黄旦四个品种。

由于地处高山，这里空气清新，清风习习，即使在炎热的夏天，这里也凉爽至极，是避暑的天然理想场所。

在秋天，这里的天上只有几朵白云，显得特别蓝。这座山墩与那座山墩的茶园，都是那样翠绿，听山谷泉水叮咚，看天空老鹰盘旋。采茶的女社

员在茶树间，两手上下翻飞，采摘茶叶，那简直是一种艺术享受！

偶尔，这些女社员来了兴致，一边采茶，一边来几首客家山歌，原汁原味的客家山歌：

哎——

新买扇子七寸长，一心买来送情郎。

嘱咐情郎莫跌撇，天热扇风好泼凉。

呼——哟！

女社员那缠绵、动情的歌声，从这棵茶树传到那棵茶树，从这朵白云飞到那朵白云，最后撞进山上、山下那几个收茶青、挑茶青的男社员的心房，立即引起巨大的共鸣：

哎——

一阵雨来一阵风，看你三妹想老公；

肚里心事跟哥讲，刀山火海哥敢冲！

呼——哟！

歌声粗犷，在山谷里，在高山流水间，回声阵阵，在采茶女社员心里，激起一圈圈涟漪。

在耕山队的茶场，制茶师傅与员工正在紧张有序地忙碌。那时候制茶没有机械化，制茶工艺简陋，全部都是手工操作。第一道工艺是晒茶青，用谷萱在土坪上晾茶，员工定时拿耙来回翻动。第二道工艺是抛筛茶青。一根粗麻绳子一头系在梁上，一头系着竹制的大筛子。只见制茶师傅双手抓住筛子，来回摆动，摆中带抛。据说，每一筛，如此反复必须360下，才算完成。一遍下来，工人们一个个大汗淋漓，腰酸背疼。第三道工艺是炒茶和球茶，这是技术活。土灶上放置一口大锅，灶膛内干柴烧得啪啪响，师傅们用两根大木铲上下翻动，火候到了，就用茶布裹包，用手或脚揉、搓、踩、压。此工序必须三炒三球，茶叶才最终成型。第四道工序是把球成型的茶叶在大铁锅中炒干。此时的茶场空气中，已是弥漫着浓郁的茶叶芳香了。第五道工序，就是把茶叶装在竹制的茶笼中，用木炭火烘焙，制茶专业术语叫"过小火""过大火"。

2002年，汇全茶业开发有限公司进军伯公座，梅林农场成了汇全茗茶

梅林高山青，香中别有韵

的主要基地，主产乌龙茶和红茶。公司经理苏雪健在传统青茶的基础上，又推出了"土楼红美人""东方美人"土楼系列名优品牌。

"土楼红美人"属于高级红茶，采用南靖丹桂等高香型茶叶新品种，选用细嫩茶芽，以传统工艺精制而成。"东方美人"在发挥原有的温润甘甜外，也糅进了一丝空谷幽兰的气质。

与汇全茗茶主要基地伯公座相邻的老鸦山，很让人想起马致远的"枯藤、老树、昏鸦"，那里有一个台商兴办的"高山青"茶叶有限公司，是生态茶园基地。它引进台湾农业的先进理念，不使用农药、除草剂、化肥，专施有机肥，采用荧光灯杀虫。

三

自土楼妈祖文化节举办以来，梅林，这个清香、"芳意为人倾"的名字，早已连同土楼妈祖、梅花和古村落一道声名远播。其实，在这个古色古香、充满农耕文化的传统村落里，还弥漫着沁人心脾、芬芳馥郁的东西，它就是茶文化！

每日清晨，当朝阳从东山冉冉升起，在老街的古榕下，一群女人在溪中浣洗衣裳，砧衣声有

节奏地传出老远。溪滩的石坪，一张简易的石桌，几只朴实的石撒，还有几个鬓毛衰的老人，他们一边品茶，一边观赏行云流水，享受着山村的慢时光：

"野泉烟火白云间，坐饮香茶爱此山。

岩下维舟不忍去，清溪流水暮潺潺。"

紧邻梅林天后宫的，是一条明清古街。大小不等的溪石铺成街道的路面，两边木构的房子，两层高，都是青砖黑瓦的老式店铺。在梅林举办的海峡两岸土楼妈祖文化节期间，这里大红灯笼高高挂，天上气球飘动，凉伞队、鼓乐队、西洋乐队、舞龙队、舞狮队、彩旗队等组成的庞大游神队伍，浩浩荡荡，一路鸣炮放铳，穿街而过，真是"人如流水马如龙"。在文化节期间，除了连演三日三夜"大棚戏"、木偶戏，表演精彩的"妈祖巡海"节目外，在梅林古街上，还举办了精彩的茶艺表演。

台上，一副由某名人书写的茶联，格外吸引游客的眼球：

"茶烹梅韵，诗赋土楼。"

古筝琴音缓缓奏起，两个年轻帅气的小伙子，背着一米半长嘴的茶壶，在圆形茶桌边左右腾挪，一会儿正面将茶碗注满，一会儿"反弹琵琶"，一会儿近，一会儿远，技艺娴熟，姿态优美，博得观众的阵阵掌声。

此方唱罢彼登场。随着一声悠扬婉转的笛声响起，随着古筝优雅缠绵的旋律在古街弥漫，一队身着旗袍、身材窈窕的妙龄女郎，缓缓步上台来，成为一道亮丽的风景线。

一排长条桌上，摆放着茶匙、茶罐、茶壶、茶缸、茶碗、茶巾和玻璃杯，桌上放置着绿、红、青、黄、白、黑六大类茶，其中青茶又叫乌龙茶。她们向客人行礼之后，但看这些姑娘的纤纤玉手，先将茶具整齐有序地摆放在茶盘周围，将茶碗放在茶盘中间，从茶匙中取出茶匙放在茶碗右侧，打开茶罐，用茶匙将茶叶拨入茶碗中后，放回原位。然后双手端起茶碗，给客人展示茶叶后再放回。双手轻轻将玻璃杯端入盘中，倒入三分之一的开水，将水顺时针缓慢而轻柔地转一圈，让杯子充分预热后，将水倒入茶缸。再拨入放在一旁碗中的茶叶，加入少许开水，逆时针快速地转动三圈，让每一片茶叶都能充分吸收到水分，接下来就是"凤凰三点头"，这是茶道中的一种传统礼仪，是最讲究的部分，也是最难最技术的部分。只见她们姿态优美，手法精到，高提水壶，轻提手腕，手肘与手腕平，忽而让水在高处直泻而下，忽而利用手腕的力量，降低壶嘴高度冲泡，反复三次，上下提拉注水冲泡。但见水声三响三轻、水线三粗三细、水流三高三低、壶嘴三起三落，动作柔和，心神合一。

这一冲泡手法，就是雅称的"凤凰三点头"。三点头像是对客人鞠躬行礼，是对客人表示敬意，同时也表达了对茶的敬意。

一排排茶碗造型圆润，碗里的"高山青""玉芙蓉""蜜香红乌龙""东方美人""土楼红美人"等茶水，有的呈碧玉色，有的呈琥珀色，有的呈橙黄色，有的呈暗红色，或浓或淡，渐次变化，晶莹剔透。

梅林古街上空，音乐萦绕，茶香远飘……

葛竹的春天

◎蔡刚华

春天，你就去趟葛竹吧。

来到葛竹不妨先去探望下西溪源头。作为一个饮着九龙江水成长起来的龙江人，没有理由不来亲眼一探母亲河的源头。

西溪源头就静静地流淌在与平和东槐交界处的大山脚下，小溪边矗有一块八吨多重的巨石，上书"九龙江西溪源"六个大字，这也是有关部门着手出台措施保护母亲河水质与环境的一种态度。

从葛竹潺潺不息的流淌开始，她以隐约而委婉的足迹，从竹林、树海的深处走来，一路低回萦绕，一路沧桑前行，在这奔腾不息的前行中曾为一个叫月港的古老码头输送过克拉克瓷，也为一个叫漳州的老城输送着不断繁衍所需要的木材和粮食，更输送过一个叫林语堂的文学大师，只是那时他还叫和乐。在他的回忆录中，他清晰地记得河滩险急时"船夫把裤子卷到腿上，跳入河中，把船扛在肩上"，"当乌篷船驶到漳州时，视野突然开阔，两岸树木葱茏青翠"。

　　葛竹村一定是属于春天的，这个被树海、竹林、茶园层层包裹着的山中村落，到了春天三月，便是一片白色香雪海世界。在这南靖与平和的交界处，当年闽南游击队的主要基点村，空气中常年弥漫着水汽和花香的山中小村，盛产一种叫枳实的入药之果树。到了三月，小村的房前屋后、河谷山坡凡有枳实树的地方，那白色的花儿便沸沸扬扬地开满了枝头，微风吹过，山村的草垛上、柴堆里、土楼的房檐都铺满着白色的花瓣儿。那细小且又情动的精灵，让整个山村都风情万种起来。这不禁让人想起了温庭筠路过商州时，曾吟下的那句"槲叶落山路，枳花明驿墙"。一个"明"字让枳花仿佛可以媚亮整个商州府。如今这样的"媚"就在眼前，就在葛竹。

　　这时人在他乡的葛竹人，总会在微信朋友圈中看到各路旅友把自己家乡的美景一一呈现。这时一个久远的记忆开始在心中萦绕，镜头下的那一片枳实花依然是多年前的模样，满树素染似雪，透过时空传递而来的资讯，淡淡花香仿佛就从手机里弥漫开来。

　　在这闽南花开的三月，一定要来趟葛竹。在枳实花盛开的季节，沿着

河边的村道慢慢地走去，在这里还有成群的白鸭慢条斯理地在开满枳花的树下或溪边与你分享着这一年一度的视觉盛宴。后来这些从容不迫的白鸭也入镜了，是它们把土楼、枳花、小溪与绿莹莹的春意一起串了起来。河道两旁连绵不尽的枳实树便相约竞相怒放开来。一望而去的山峦上、茶园边到处都是一片片雪白的枳实花，赏花的游客从四面八方奔袭而来，这个属于三月的小山村便开启了网红时代。于是当地政府每年此时都会举办枳实花节，让人们一边漫赏枳实花的惊艳，穿行于连绵的花海，穿行于村庄与溪流间，在惊喜连连之后，还可以品尝到各种各样的土楼野味，既一饱眼福，又过足嘴瘾。枳实花搭台，经贸唱戏，南坑乡葛竹村就更加声名远扬了。最早发现葛竹香雪海的是南靖本土摄影师冯木波，这位《中国国家地理》的特约摄影师，在2003年偶然踏进这个封闭山村看到这被遗忘的美景后，便开始用镜头记录下"香雪海"，还有"香雪海"下的曼妙女生。于是他的作品开始在网上疯传。三月的葛竹就这样火了。

　　曼妙的不只是枳花和涓涓流水，那放眼望去连绵不绝、错落起伏的茶

葛竹的春天

园本身就是一道极致的风景。来过多次葛竹，也接触了不少葛竹新一代的种茶人。他们有回乡创业的年轻人，有接过父辈的制茶传统而继续前行的专业合作社。于是爬上茶园，你的镜头摄下的茶径图案有如 WiFi 信息标识图形，创业者们把这片区域形象地称为"WiFi 茶园"。而赖氏后人代表赖玉春则沿袭着"金观音"的传统制作，用崭新的销售理念讲述着茶人的故事。

身居葛竹山中，一座座土楼星罗棋布，竹林茂密、古道蜿蜒、溪水清洌、阡陌纵横如世外桃源。那诗意的乡村不只在春天的三月，哪怕是我们来时的八月盛夏也宛如诗画。村里小溪边的老榕、古径、小桥、枳树，更有那远处的茶园……葛竹四时景色宜人，令人陶醉。在这样美丽的乡村，无论是闲暇的傍晚或是悠闲的午后，徜徉在这样的地方，惬意之下沏上一壶老茶，这时如果再下场细雨，你会有种不分此时此景如入仙境的恍惚……

土楼高竹"金观音"合作社的社员们严格按照古人的制茶方法，只有这样因循守旧，葛竹村的茶叶种植史，可窥探的历史应为清乾隆年间，时任翰林院编修的赖翰骎，历任特派稽察六科参修《大清律》和国史馆纂修官等职。乾隆二年（１７３７），赖翰顺双亲相继逝世后，无意功名利禄的他即上表辞职。回乡后，赖翰顺隐居南坑山区，潜心钻研学问，著书立说。他热心家乡公益，牵头修建葛竹通平和县的乞天岭大道和大岭通往南靖县城的九曲岭大道。曾身居京城的他深谙知识与稼事的重要性，在他的力促下，不仅在葛竹立下各种乡规民约，还创办书院、塾学。并积极推动家乡农、林业的生产，他从外地引进山东梨、红柿、桂花、绿衣枳实、铁观音茶等优良品种。

葛竹，正因为有着一代代不言放弃且承传创新的葛竹人，才会有这如此明媚的春天，并尽情宣泄和描绘着属于自己的春天故事。

福建土楼茶文化

◎珍 夫

福建土楼青山环抱，茶园簇拥，家家种茶忙，户户闻茶香。客来敬茶，是南靖土楼人家喜爱的待客之道，不论平民百姓或富贵人家，不论居住往来或商务应酬，均敬茶为先，以示礼仪。一杯清茶，香色两绝，以此款待宾客，既显简朴真诚，又令人神清气爽，回味无穷。

常陪客人游览福建土楼，也常常在土楼饮茶，感受土楼人的热情与纯朴。一次，与朋友一边品茗，一边纵谈《茶经》，便谈到了饮茶的历史与茶文化。

唐代陆羽的《茶经》记载："茶之为饮，发乎神农氏，闻于鲁周公。"可见饮茶历史之悠远。相传神农氏曾遍尝百草，一日遇72种毒，后得茶而解之。据历代文献所载，茶有24种功效，其中以安神、清热、醒酒、去腻、坚齿、生津止渴等为世人所推崇。远古时用茶是把它当作一种药。茶味甘，苦，微寒。甘者补而苦则泻，微寒利于清热，这是茶的药理。古人是从咀嚼鲜茶叶开始用茶的，后来又像煮菜汤一样把茶叶煮成羹汤饮用，由于苦涩难饮，

福建土楼茶文化

还需加盐、姜、葱等作料。晋朝江南一带还有将茶叶煮粥的记载，称"茗粥"，算是早期的一种药膳。此时饮食茶叶更注重的是它的"万病之药"的功效。

饮茶之风始兴于唐代。正因为广泛的饮茶风俗，于是出现了"茶圣"陆羽撰写的世界第一部茶学经典专著《茶经》，并由此推动了茶业的兴盛。在唐之前民间已懂得制作茶饼，经陆羽、卢仝等茶学名家的倡导，茶饼的制作日趋完善。并出现了顾渚紫笋、阳羡茶、径山茶等绝品名茶。饮茶还传播至日本，形成以茶论道的日本茶道。

饮茶盛于宋代。王安石曾写道："夫茶于用，等于米盐，不可一日以无。"足见当时饮茶，已成为人们日常生活中不可缺少的开门七件事之一，是老少皆宜，贫贱同赏的习俗。城市里茶楼生意兴隆，山乡集镇茶馆、茶铺随处可见，街心市井，至夜尤盛。茶馆的风靡正是宋代饮茶盛行的标志，宋后期，散茶开始取代团饮茶，至明朱元璋下诏停止制作龙凤团茶后，散茶盛行至今。饮用茶叶从简单到复杂，再从复杂回归简单，是茶业史上返璞归真的结果。

明清时代是古代饮茶与茶业的鼎盛时期。经茶农总结前人经验及长期实践，改蒸青散茶为炒青散茶，经锅炒杀青、揉捻、复炒、烘焙等工序制作的绿茶，可让人们在品饮时再现茶叶的馥郁美味。此外，按茶叶发酵的不同，发明制作了发酵茶，如红茶；半发酵茶，如乌龙茶（又称"青茶"）；及轻微发酵的白茶等。其他如花茶、黑茶、紧压茶也在明清得到发展。明清时代的制茶工艺，成为中国传统茶作的经典性工艺，至今仍是各种名茶制作的技术要诀。

历代茶俗几经变化流传至今不衰，其中汇聚多少人的心血与智慧。茶以其芬芳的东方神韵，独具的药理功效及众多的社会功能而渗入当今人们的生活中，它是和中华民族悠久而丰富的文化传统融为一体的。

中国是茶的故乡，早在公元前300多年，就有文献记载茶了。饮茶，是国民生活的需要，也是一种内涵丰富的文化现象。它把中华几千年古老文化沉淀在茶叶上，既体现社会文明的一般特征，又具有表现人们心态、民族融合、经济发展和政治稳定等彫作用。

茶文化，是一种以物质为载体，带有鲜明的民族文化情结的社会现象。从南北朝起，我国人民就用茶叶祭祀、聘礼，茶成了崇敬、情谊的象征。"以茶会友，天长地久""美酒千杯难成知己，清茶一盏也能醉人"，形成一股朴素的民风。茶的纯朴、平和已深深融化在我们民族思想中，铸成了中华民族特有的品格。

茶文化的民族情结还表现在茶和诗词、绘画、戏剧等的交会融合。唐朝白居易的《琵琶行》，写的是茶商妇；宋朝欧阳修的"马上春风吹楚去，依稀人摘明前茶"，苏轼脍炙人口的"戏作小诗君勿笑，从来佳茗似佳人"，还有元代著名画家赵孟頫的《斗茶图》，更是古代绘画史上的杰作，同时也是茶学上的珍贵史料。

如今，随着科学的发展，人们对茶的认识也逐渐深入。茶学专家通过科学实验，分析茶叶中的相关成分，得出其具有防癌、降压调脂、提高人体免疫能力、抗病毒活性、健齿防蛀、预防衰老和抗辐射等作用的结论。当然，茶在社会伦理道德和精神文明建设中扮演着更为重要的角色，其精神属性被

人概括为"廉、美、和、敬"四字茶德。

福建土楼茶文化表现得最为淋漓尽致的当数茶艺表演、一群身着嫩绿色旗袍的姑娘，先将方圆各三张古色古香的桌台置于场地中央，然后，在优雅悦耳的筝、箫声里，分别向观众展示了茶匙、茶斗、茶夹、茶通以及炉、壶、瓯、杯和托盘等茶具。西汉王褒《僮约》中有"烹茶尽具"之说，可见茶具在茶艺一道中的地位。接着，姑娘们将"瑶池出盏"（冲洗茶具）、"观音入宫"（装填茶叶）、"悬壶高冲"（冲水入瓯）、"春风拂面"（用瓯盖刮去浮在瓯面的泡沫）、"瓯里酝香"（稍待片刻，使瓯中茶叶释放香韵）、"三龙护鼎"（以左手拇指与中指按在瓯杯边缘，用食指按住瓯盖）、"行云流水"（提起盖瓯，沿托盘绕动，以刮掉瓯底之水）、"观音出海"（悬瓯沿杯逐个低斟，即民间所称"关公巡城"）、"点水流香"（将瓯中茶水点滴在杯中，以求浓淡相宜，亦即民间所称"韩信点兵"）等沏泡茶叶的流程，依次展现，最后，双手捧杯，向嘉宾奉茶。

福建土楼茶艺表演时，姑娘们的脸上始终洋溢着微微笑容，她们的双臂随着音乐的节奏缓缓而动，柔若无骨，举手投足之间，流露出只可意会而无法言传的韵味。接过姑娘敬的茶，只见杯中茶水呈金黄色，清清亮亮，很是诱人，只在打量间，便有一缕幽香沁人心肺，待细细呷入一小口，更觉如饮醍醐，周身通泰，极为舒畅。茶艺表演的茶，不愧为名品；艺，也堪称为绝。艺现茶韵，韵中蕴意，茶之精髓；醇、雅、礼、和，尽在其中了。

中国茶文化源远流长，自唐人陆羽著《茶经》后，茶事更是一代盛似一代，到今天已成为平民百姓开门七件事"柴米油盐酱醋茶"中的一件，可见它于日常生活的重要TO千百年来，茶事不断演变，由食及饮，由简及繁，由俗而雅，不断完善，渐次走出国门，成为中国独有的一道内涵博大精深的风景线。

茶是真善的，弘扬茶文化有着现实的社会意义。许多人生哲理，哲学家用纯粹的思辨，道家要练功静坐来体会，福建土楼饮茶人却是用一只风炉、一个茶釜去诠释。

恋恋庄，茶园茗香让你迷恋

◎谢华章

　　秋季的炎热让我无法逃遁，烦闷至极，揭卷无心，总想找个地方避暑解闷、品茗论道，让烦躁的情绪得以从内心游离。那天，我们沿着南靖县船场溪畔西行，车窗外群峰竞秀，积翠凝岚，梯田层叠，溪流环绕，含情依依的山水草木从眼前晃过，也没有激起我的兴致。车子驶过甘芳隧道，来到赤洲村，放眼四望，层层山冈上的台地梯田，茶树成畦，绿意宜人，仿佛从陆羽的《茶经》走来，让我神清气爽。

　　这就是我神往已久的"恋恋庄"茶园吗？这就是人们津津乐道的生产有机"野茶"的地方吗？

　　"庄主"简先生把我带到办公室，沏上一泡精加工的红茶，那红茶水一冲泡，清香扑鼻，我轻轻呷一口，丝丝醇香充盈整个口腔，深至喉底，我顿时被那甘醇甜润的厚重陈韵所迷住了，内心多了一份清静与恬淡。

　　喝了"恋恋庄"的茶后，"庄主"带我登上山顶，只见漫山遍野的碧绿茶园覆盖着一座座形态秀丽的山冈，茶园四周原始森林茂密，成片的翠竹随风摇曳，不时还可听到一声声清脆的鸟鸣。站在山顶，似有淡淡凉意。此时雾气已散尽，幽幽的蓝天上飘着朵朵白云，流泻的阳光投射到茶树的叶片上，激起一束束光晕，一垄垄、一层层的茶园，仿佛挂绿披彩，风姿绰约，在一阵微风的吹拂下，像一幅幅锦缎轻轻涌动，曼妙无比。

"恋恋庄"茶园位于南靖县书洋镇赤洲村，在著名的"天岭"山麓西北侧，赤洲村后山的"百公凹"上。据说"百公凹"是块风水宝地，早在清末民初，有个地理先生路过此地，看到这里风水上乘，就用一根竹子做记号，想把此地占为己有，当他第二年再次来到此地时，看到满山都长满了竹子，分不清哪里是他做记号的地方。而今，在这块富有灵性的宝地上种植茶树，就像地遇知音，人遇知己，给这块风水宝地注入了新的韵律。

从山顶往下眺望，只见整个茶园在一个陡峭的"凹"字形山腰里，山坡的腰间伸出一块平地，犹如巨大的"仙人足印"，一垄垄茶树点缀在足印上，远远望去，像披上绿色的衣裳；而旁边山势稍低处，有一座形如"田螺"的小山包，"田螺"头部长着一棵大树，护卫着四周的茶树，那一圈圈茶树像流动的音符在山间飘荡。

都说一方水土养育一方人，茶亦然，是水土造就了茶的质量和个性。"恋恋庄"茶园地处群山环绕之中，这里终年云雾缭绕，气候温和，雨量充沛，自然生态条件优越，秀美的山水，清新的空气，成为茶树种植的一片净土。生长在这里的茶叶，不仅有高山云雾的孕育，还有清泉流水的滋润，因此茶树芽叶中的氨基酸、叶绿素和水分含量明显增加，使其成为茶叶中的精品。

回归自然，回归原生态，这是"恋恋庄"茶业的经营理念。"恋恋庄"茶业主要由两部分组成：一是"野放"茶，二是现代茶叶生产基地。

"野放"茶园是一片老茶树，这些老茶树都有一人多高，树梢长出许多新枝嫩芽，树丛上结满了花蕊，有的开着白茶花，而在一排排茶树旁也长满了毛草，草中有茶，茶中有草，这种自然生长的茶树有如野生放养，"恋恋庄"人叫它"野放"，用"野放"生产的茶叶，叫"野茶"。这种茶叶经过采摘、萎凋、揉捻、发酵、烘焙、精制，不仅滋味清雅幽甜，汤色橙黄透亮，叶底紧结耐泡，而且清香持久，入口生津，细细品味，余韵悠悠。

现代茶叶生产基地种植的茶叶，也坚持"返璞归真，追求古老的自然法则"。我国几千年的农耕文明，说明了一个道理，那就是大自然有很多植物，不用施肥，也从未使用农药，却生长得很好，始终保持旺盛的生命力o这种道法自然的法则在"恋恋庄"就得到了充分的运用。他们种植的茶树，做到不施肥不打农药，只在茶树根部埋填黄豆渣等食品副产物。他们除草全用人工手割，不使用农药喷除，他们知道，若用农药，一年只需喷施四次就行了，省钱又省事，而用手工割，就得循环不止地重复着这项劳动，而除虫靠的是晚上的捕虫灯。采用原始的耕作模式，保证了茶叶的品质。

农历二月惊蛰节气的打雷、闪电，将空气中78%的惰性氮溶入雨水中，那雨水的氮源滋润着茶园。还有茶园所处的每个山坑都有山泉，那山泉终日流淌不涸，也给茶树的灌溉带来了源源不绝的水源。为了科学合理地对茶园进行喷灌，他们先把山顶上甘甜的山泉水引流到大的蓄水池，经过滤后用高压喷灌，达到与雨水一样的效果，起到调控土壤酸化，刺激土壤释放矿物质，

让茶树得到更好的吸收和代谢，这样茶叶香韵俱佳，而且不会因为茶碱过高而伤胃、肾，刺激心脏，影响睡眠。

简先生介绍说，"恋恋庄"的理念是打造一个绿色的有机茶叶生产基地，让每个人喝得放心，从而迷恋这里的自然风光，迷恋这里生产的每一片茶叶。听了简先生的介绍，我对"恋恋庄"名称的含义有了更深层次的理解。由此我想到诗人心海宁静《梅子山居笔记之四》里写道："山风清凉／宁静的植物，水洗般清澈／一片叶子与另一片叶子／交头接耳，相互抚爱，仿佛人类的爱情……"在"恋恋庄"茶园，我似乎也看到了茶树上的叶子，一片片地相互交头接耳，尽情诉说着对茶山、对主人的爱恋。

茶是天地恩赐，一泡好茶，除了要有好的茶园管理，还要有好的制茶工艺，好的烘焙师傅。常言道："好茶源自好工艺。""恋恋庄"红茶能获得人们的绝佳口碑，自然离不开其精湛的制茶工艺。"恋恋庄"一创办，就聘请台湾的"桑茶叶专利人"林先生为技术指导，林先生曾获得法国"列宾竞赛发明银奖"，对制作红茶有专功。他要求在茶叶的采摘时，做到一芽一叶，精挑细选，不管是茶叶的初制、精制，每道工序他都要进行严格的把关，倾尽心血，只为一杯沁人心脾的好茶。

"恋恋庄"生产的红茶有清香型、浓香型、陈香型多种，有春茶、秋茶。春茶茶汤内质丰富，滋味醇厚鲜爽；而秋茶由于气候日照长，有利于茶树生长，气温稍低也有利于鲜叶中芳香物质的形成和积累，香气特别高。品种有铁观音、"毛蟹"等。

做茶就是做文化。"恋恋庄"茶叶以生态有机管理，传统制作，精细加工，个性化包装打造品牌质量，给人们带来不一样的茶觉，清新、自然、健康、高档的茶品。因此，"恋恋庄"虽然创办时间不长，已经形成了融茶叶种植、生产、加工、市场销售为一体的经营模式，并以"绿色、健康、环保"的茶文化迅速走进人们的生活，生产加工的上等品种茶叶，远销海内外。

多少人慕名来到这里，观赏茶园，休闲游览，在这深山云雾里，呼吸

新鲜空气，你一定会豁然开朗，烦恼全无，获得一种清心寡欲、远离尘嚣的感悟；多少人慕名来到这里，品茗论道，畅谈人生，让那袅袅茶烟、悠悠茶香、瑟瑟茶汤，给你舒心怡神、淡然悠远的茶趣意境，让你的精神享受得到升华。

　　人生如茶，茶如人生。若是盛世，品茗是一种修行；若是浮世，喝茶是一种心疗。盛世之下人心浮躁，自然是修行与心疗并存。于是，人们以茶丰思，以茶雅志，人们以茶行道，以茶养性。我国著名的文学大师林语堂先生说过："茶有一种本性，能带我们到人生的沉思默想的境界中去。"著名作家贾平凹也说过："吃茶是品格的表现，是情操的表现，是在混浊世事中清醒的表现/如果你心境郁悒，情绪烦躁，你就静下心来，泡上一杯"恋恋庄"红茶，看云卷云舒，你那颗心就会随着袅袅飘逸的茶香在不知不觉中进入一种默想人生、幽雅淡泊的境界。如果"有朋自远方来"，泡上一杯"恋恋庄"红茶，以茶代宴，品茗啜饮，你会感受到"泛花邀座客，代饮引清言"那一片不同的天地。

　　茶不语，有千言。"恋恋庄"茶业诚为搭设茶人沟通之桥梁，随四季天时物性，指点盏间风流。

恋恋庄，茶园茗香让你迷恋

醉是老茶香

◎韩予曼

有道是柴米油盐酱醋茶，作为开门七件事之一，茶素来是国人生活的必需品。然而，周围的同龄人多半是喝咖啡、饮果汁，如我偏爱喝茶的算是少有。对茶叶的这份情，有时宛若情人初识般，又可在闭目回味时越发觉得浓烈。只是说来惭愧，生长在福建十大产茶县和乌龙茶主产区，喝茶多年，我算不上会品茶，也不曾去了解陆羽《茶经》所云何物，更谈不上懂得多少茶文化。工作生活中，接触过不少种茶制茶品茶的行家里手，西湖龙井、武夷岩茶、冻顶乌龙、福鼎白茶，品种繁多、各有所长的茶叶自然是跟着品尝过一些，当中肯定不乏价格贵些的好茶。倘若不告诉我价格，我也觉得它们并无太多特殊之处。这样看来，对于茶叶我似乎也无过多要求。其实也不全然，喝来喝去，家乡的老茶始终是我不二的选择。

父亲和我一样，是个"老茶粉"。只要在家，清晨总有一杯热乎的老茶等着我，让我全身每一处慵懒的细胞都无处躲藏。为家人泡好茶水，他总是乐此不疲。回想大学四年，寒来暑往，父亲也算是在老茶里做足了文章，想方设法满足我的味蕾。老茶慢火熬煮的茶叶蛋是我返校路上最好不过的点心，与之相比特别点的当数父亲拿手的梅菜扣肉。论其独特，只因雪白的五花肉下锅前经老茶水腌制，看似天马行空却在增加香气之余解了油腻。同样来自闽南的两个舍友却不像我这样爱喝茶，爱着和老茶有关的一切。在她们看来，我俨然茶醉，就连入睡前也要来上几口，不然恐怕是要失眠。早些年，父亲还将正冬蜜与同等比例的老茶混杂在陶瓮中，时间让它们彼此融合一体，感冒咳嗽时舀出一勺用开水化开，绝对是最好不过的治疗冲剂。自己也不曾想到，有朝一日我会将家乡的老茶一次次地带到北国，在他乡品出不一样的味道，如蜜茶般相融相通。

婆家在华北平原上一个普通不过的小城，多年过去我依然清楚地记得第一次在北方喝茶的情景。婆家人熟练地从一大袋茶叶里抓上一把置于大茶壶里，茶梗夹杂其中，不乏有粉末掉落，开水反复泡上几回，一大群人围坐四周足可喝上良久。举手投足间，丝毫不掩饰北方人骨子里的豪爽，大碗喝酒大口吃肉，喝茶亦是如此。再走一家，也不过是人 lb 大杯子，轻抖几片绿茶，一点也不介意本就清淡的茶香敌不过热水里自带的盐碱气息。每每看到我拿出紫砂壶、小茶杯还有小包装的茶叶，他们总笑我矫情，喝茶哪来那么多门道，小茶壶冲个两彌就要的茶叶也是十足浪费。成，的终究是习惯，正如同我捎回去的茶叶，他们还是习惯开上三两包，硕大的茶壶不知浸泡过几回，直至棕红色的茶汤变得色浅味淡。从前，这样的饮茶方式在我看来实在不考究，唯有小杯慢饮特得上是喝茶，才能让我忘记窗外大雪纷飞，找到故乡的感觉。慢慢地，我也尝试喝大赫映南方与北方存在的差异，努力在文化的碰撞中寻找共鸣。而他们也喜欢听我描述南方的茶园梯田、小桥流水，想象行走其中的诗情画意。不知不觉中，我这个不懂茶的南方女子竟也让他们爱上了南靖老茶，用他们的话说就是有味儿耐泡，留香回甘。他乡故乡，其实我们无非都是在寻找一种叫人情味儿的东西罢了。

　　近来时常下乡，最近一次应该就是沿着国道来到距离县城近百公里之外的奎洋镇。对于这里我再熟悉不过了，因为这里有妈妈嬉戏的童年。闲谈之中得知东楼、罗坑两个村都还有两百多人留守，这么"大"的人口数着实出乎我的意料。二十五年前，南一水库的建造已让这些深处九龙江西溪上游村庄的村民纷纷外迁。这些年外出打工的人也越来越多，留下的无非是上了年纪的老人还有些许妇女、儿童，毕竟山环水绕空气再好也抵不过城市生活的繁华便捷。细问方知，得益于农业合作社的政策，村子里现有千亩茶园，外出的库区人陆续回来为之耕耘、守候。其实，南靖产茶历史悠久，早在隋末唐初，我的先辈们就有采制饮用野生茶的习俗。奎洋镇上洋合福坑茶场在清光绪年间也已经初具规模，所产茶叶作为贡品专供朝廷。这样说来，时隔

醉是老茶香

百余春秋，亨阳湖畔再次飘过茶香也是情理之中。

呼吸完大山里熟悉的空气，奎洋归来的那一晚，外公时常讲起的故事竟然出现在我的睡梦中。战争年代里，二十岁不到的外公总是带着鸡毛信穿梭于枪林弹雨中。送情报的路途上，突然出现的老茶树总能给他带来几分兴奋和安心。随手采摘几片放在水壶里，直接灌上清澈的山泉，几番晃动之后大口喝下，便能得到莫大的满足。大山里长出的老茶性温味和，解渴消暑也可去火，哪怕你的胃再娇气也能适应。在不知油星为何物的岁月，哪怕未经沸水泡过，也足以成为外公那辈人最奢侈的饮料。告别战乱，当年的水壶外公还是一直带在身边，成为干农活时必不可少的装备，只是所盛之物变成自家酿造的糯米酒。睡梦里，我抢过外公的水壶深吸一口气，闻得很是认真，试图透过酒香看看是否还有老茶的踪影，又是否和我今日喝到的是同样的味道。正所谓，情不知所起，一往而深。想必这就是我对家乡老茶情有独钟的根源吧。

忘了是在哪个寻常不过的冬日，带着远方的朋友漫步中国景观村落塔下村，我们远远就瞧见一个个灯盏般的东西在雪英桥的石栏上排成整齐的队

列，似乎在向过往的游客问好。走近一看才发现都是被掏空的橘子，阳光的作用让橘皮干燥得没了水分，但依然保持原有的形状，取代果肉被包裹其中的竟是我熟悉不过的老茶。放眼望去，小溪边土楼的窗台上也摆放了不少，各家门前石礤上也散落一些。难怪朋友上一秒还在感慨空气中怎有水果与茶叶夹杂的清香。村里的老人告诉我，自古以来，山里人就常把茶与其他食物一起品尝，橘皮老茶便是其中佳品，疏经通络，好喝又暖胃。自然与纯真是土楼人一如既往的追崇，茶叶经由人工洒水渥堆发酵，发酵过程中每隔一段时间就要翻动几下，以免温度过高将茶叶炯焦。塔下村是否因此而"高产"百岁老人我们无从考证，但旅游的开发，显然让土楼人家把老祖宗昔日的生活习惯变成实实在在的经济效益。除了橘皮，柠檬皮清柑皮也是土楼老茶绝备档，它们巧妙地合为一^让老茶吃出新意，着实满足一大群人对健康与美味的追求。随便走进一户以，一束暖阳照进四方天井，割鸡在鹅卵石上打盹，抬头之处是几只喜鹊在布着青苔的瓦片上跳跃呢喃。好客的主人送来一壶热水，酥脆的橘皮在茶碗中恢复原本的软嫩，茶叶一片片展开，似乎略有缺角，但这又何尝不是最美妙的物理反应。时间都慢了下来，慢到让我这个到过土楼无数次的本地人也不忍离开，只想翻上几页闲书，或者拿来纸张胡乱涂鸦，安静享受这缕醉人的茶香。

土楼归来，很长一段时间里，冲泡过多回的茶叶我竟也不舍得倒掉。茶中滋味只一时，一遍茶浓，二遍茶香，三遍茶淡，再来一次其实已无多少味道。但每一次续水，每一片茶叶的沉浮，都带给我不同的体会。未到而立之年，谈回忆尚早，说情怀略空，只是如人饮水冷暖自知，喝茶亦是如此。感念生活眷顾，让我无须为生计发愁，但好喝不贵的家乡老茶一直是我的最爱。茶香人自醉醉已多年迟迟不愿醒来……

有茶，岁月波澜不惊

◎吴林凤

"查姆囡，帮阿嬷去店里买一个白香饼回来。"一大早，奶奶拿着一角钱，对童年的我说。我接过钱，像射出的箭一般，机敏地穿梭在铺满大小不一高低不平的鹅卵石巷道里，直奔村头供销合作社食杂店，买了一个又大又圆的白香饼回来。我知道，奶奶每天大清早必定要喝茶，喝茶时不能缺茶点，我必须在她喝茶时买回白香饼，时间久了耽误了她喝茶，以后就不会有这份好差事了。她的茶不是很讲究，大都是本地的茶，南靖本地茶有铁观音，有丹桂，有毛蟹，也有黄金桂，有时喝的是自己上山采的自己做的又黑又苦的野山茶。但茶点却十分讲究，有用面粉炒后，加入白糖或红糖，印制成数量很多很多的精致的小圆糕小方糕；有用糯米浸泡磨浆，压干水分后搓碎，经小细筛筛过，加入研碎的炒花生炒黑芝麻、白糖或红糖，然后放在蒸笼里蒸的双糕；

有村里哪家女儿订婚时像发告知书_样分发的大饼（像中秋月饼_般）。白香饼是在这些茶点青黄不接时必不可少的补充，平时难得买的，一个白香饼八分就够啦，奶奶给我一角钱，我还赚了二分钱呢。我手托用白纸垫着的白香饼往回走，看着白白的香饼，我努力咽了好几回口水，最后忍不住小心地揭着薄薄的饼皮往嘴里送，那白香饼有很多层的饼皮，仿佛揭不完似的，在那个物质十分贫乏的年代，这神奇得仿佛揭不完的薄薄的饼皮，简直就是无法形容的美食零食了，况且一路吃到家，奶奶也感觉不到，那白香饼依然又大又圆。

奶奶坐在床沿上，靠着当茶桌用的古老的柜子，熟练地洗杯、放茶、高冲，将茶水均匀地分倒入茶瓯里，端起茶瓯，伸着头闻着那袅袅逸出的香气，凝神闭眼，深深吸入，仿佛在调动所有的嗅觉神经，捕捉那茶水里每一分子的香，然后一抿二呷三喝，像品好酒一般陶醉。那多年来熟练的全套泡茶喝茶动作，丝丝入扣，浑然一体。再用兰花指轻轻地掐着白香饼，轻轻地放在嘴里，慢慢地咀嚼，那神情，仿佛羽化成仙，真是到了喝茶享受茶的最高境界！

奶奶喝早茶时一般没有客人，我们都不敢造次，那是她全天最清爽最美好的时光。她是家里的持家好手，一家老老少少在她的安排下，该干嘛的干嘛，井井有条。菜园自留地在她的管理下，一年四季，蔬菜瓜果，从无间断；她是邻里的热心大嫂，胆识过人，本村邻村红白喜事，人工安排，仪式程序，都可以咨询她；她心灵手巧，粗活细活样样做得完美，所缺的家具农具民俗物件，都可向她借；她又是投桃报李深谙经营朋友圈之道的女能人。请茶的恭敬神情，来的都是客的大方兼容，让奶奶处处受尊重，威望很高。每天一大早，她必定要泡茶喝茶，几十年如一日，也许，这把盏间，一天的事就了然于心成竹于胸了，有这香茗的熏陶，一天的心情就明媚愉悦了。喝茶用茶点，虽然低俗了点，但奶奶活到92岁，胃不疼肾不衰，无疾而终。

小时候我对茶没有一丁点的感觉，但能记住奶奶的教诲：来家里的都是客，要用热茶款待；要乐善好施，积善之家有余庆；远亲不如近邻，和谐的邻里关系才有天天的好心情等，古老的家风家训，通俗淳朴，至今我们都牢牢记起，代代相传，而这种为人处世哲学，和茶的圆融、茶的中庸如出一辙。我们家族里，老老少少，里亲外戚，连亲家门方，对奶奶也是十分降服敬畏。

我为茶狂，是在四年前的秋天，我在2013年1月从县环保局调到县妇联，那时发展部有个项目，在全县种茶做茶卖茶的妇女中，以各镇为单位，摸底调查选送一批，由我带队，免费到漳州科技学校（天福茶学院），参加市妇联组织的海峡两岸新型农民培训班，目的是帮助经营茶的妇女姐妹们，提高茶的知识水平，拓宽茶的发展思路，推动茶产业的发展繁荣。

在培训班里，厚厚的成堆的茶的书籍，海峡两岸大师们的讲解，实操课的大胆实验，让我比较系统地了解茶的品种分布和种茶制茶程序，我深深地体会到茶知识的浩瀚无边，茶禅意的深邃辽远。

据不完全统计，我们祖国的茶叶有2000多个品种，我们福建省更是名茶荟萃，我们南靖县现有茶园面积近15万亩，年产量约5万吨，产值达20亿元以上，有铁观音、丹桂等20多个优良品种，全县种植茶叶的行政村有

78个，从事茶叶生产的农业人口近8万人，而我们每家每户，自古至今，哪家没有茶？我们的生活中，哪能缺了喝茶？

我对茶产生了浓厚的兴趣，从茶学院回来后，正值初秋，我立马开了一间茶店，买了一个大冰柜，进了好多秋茶（以前我奶奶叫秋香），装修时店的墙上贴满有茶山、茶的功效、泡茶流程的图文，并开始收藏美丽的茶壶茶杯，而真正"狂"的，是一天也离不开茶，在喝茶时总有香高味正等茶的术语在脑中回荡。

每天清晨，我整理完房间，擦洗完桌椅，清洗好茶几茶壶茶杯，烧开一壶水，取出一泡自己喜欢的茶，娴熟地来一番白鹤沐浴，观音入宫，悬壶高冲，然后静静地品尝茶的馥郁芳香，醇厚甘甜。我知道，并不是每个人都有时间有兴致来泡茶，但在繁忙中找寻这种返璞归真的所谓闲情逸致，也可为喧嚣浮华找寻些许的清净与乐趣，况且我也到了讲环保该养生的年龄了，此时，茶于我，我于茶，如若新婚燕尔，缠绵悱恻，鱼水情分。每天午后，我端坐在心的世界里，将收藏着的经典歌曲，小声地再一次播放，这时，往事就会一幕幕再现，人间万象，在这午后时光一股脑地全涌来了，怀旧忧伤惋惜阵阵刺痛我的心，猜疑背叛虚伪深深击痛我的心，感慨茫然隐忍轻轻触动我的心，自在空灵超脱静静抚慰我的心……在这没有客人朋友来喝茶聊天的午后，自己一个人独处，斟着品着我喜爱的茶，在繁杂喜乐的盛世里抽空捕捉心灵的恬静。我惊讶于我的世界会如此恬静，看，那茶桌上袅袅着一桌的恬静，柜台里陈列着一橱的恬静，书桌上平铺着一桌的恬静，墙角边墨绿着一丛丛的恬静，抬眼一望，室外，细雨蒙蒙，一个一袭细花旗袍长裙，撑着花边雨伞的女子，在细雨中款款地走着，仿佛走在一条无人擦肩的雨巷里，走在蔷薇庭院的围墙外。一切的一切，和着情深意切的旋律，多么奢侈的恬静呀！踟蹰在忧伤的曲子里，多情的眼泪竟然在眼眶里打转，我百感交集，思绪万千，流年里，倘若有一个人在你的生命中，烟花般地绚烂过，流星般地璀璨过，纵使隔了沧海桑田，也可在魂梦里呼唤，在文字中想念，默然相伴，寂静欢喜，这何尝不是一种幸福？岁月可以流走，唯感情可以鲜活！一生中，有父母兄弟姐妹，有爱人孩子朋友携手同行，是因缘际会呀，千家万户，笑语盈盈，手足情深，天伦之乐，这又何尝不是一种幸福？岁月可以流走，唯亲情不能辜负！安然的笑平静慈祥地挂在我的嘴角。茶神呀，你总是在不知不觉中，将我带进了宁静致远天人合一的静默境界！这静默，是期待某种喜悦到来时的静默，是诗心荡开渴望倾诉的刹那，是登临绝顶晴空万里一马平川的胸怀，是情趣上的闲逸和附加在无为上的清静。古往今来，茶禅一味。

茶是多么神奇！我渐渐地明白，我奶奶和谐的人际关系、空灵的处世智慧，多少是因为有了茶呀。而今我对茶说，心灵的纯洁美好，身心的健康宁静，善良的为人，和谐的人际，是我追求的梦想，这梦想引领我，把握当下，平静愉悦地过好每一天。我是一个至情至性的性情中人，感情细腻丰富，天生爱倾诉，一生和书笔做伴，我爱好书写，喜欢用爱心将纯洁的爱情友情，将斑斓的生活隐秘的心灵世界，编织成美好的梦境。在文字的天堂里，我可以按照我的意愿安放各种关于美和爱的终极梦想，在袅袅的茶香中回忆我的过去，抒发心中的感慨，感受人间的真善美。喜欢书写的女人如同喜欢喝茶的女人，她以灵魂为生，无论生活中出现了什么不幸苦难，都能乐观地坚信风雨过后必有彩虹，纤纤弱质中内蕴着凛然风骨，温柔婉约中有坚定的拒绝。即使风雨侵袭，抬眼间的_笑，仍然是人淡如菊月白风清。喜欢喝茶的女人，是优雅谦和知书达理的女人，是宁静祥和宽容明智的女人，面对喧嚣的世界，躁动的年代，急功近利的世态，能自觉蕴含着一缕清新清丽清淡的女人气息，并且因着这气息，灵魂得以净化，心灵得以宁静。

自神农尝百草，有茶，岁月波澜不惊。